专业足球场全过程咨询管理

杨 波 主编

邓绍伦 林 楠 陈祥婷 副主编

中国建筑工业出版社

图书在版编目（CIP）数据

专业足球场全过程咨询管理 / 杨波主编；邓绍伦，林楠，陈祥婷副主编. —北京：中国建筑工业出版社，2022.7（2023.11 重印）
ISBN 978-7-112-27356-0

Ⅰ.①专… Ⅱ.①杨… ②邓… ③林… ④陈… Ⅲ.①足球场—建筑设计—咨询服务 Ⅳ.①TU245.1

中国版本图书馆CIP数据核字（2022）第070824号

本书是作者及其团队对多年来承担的足球场地建设项目咨询经验的梳理和总结。全书共分为 10 章，包括：绪论、专业足球场项目策划阶段咨询、专业足球场招标采购阶段咨询、专业足球场报建报批阶段咨询、专业足球场勘察设计阶段咨询、专业足球场工程施工阶段咨询、专业足球场竣工及交付阶段咨询、专业足球场运营维护阶段咨询、智慧场馆应用管理以及案例。

本书内容全面、翔实，可供全过程工程咨询行业从业人员参考使用。

责任编辑：王砾瑶　范业庶
责任校对：赵　菲

专业足球场全过程咨询管理
杨　波　主　编
邓绍伦　林　楠　陈祥婷　副主编
*
中国建筑工业出版社出版、发行（北京海淀三里河路9号）
各地新华书店、建筑书店经销
北京雅盈中佳图文设计公司制版
北京中科印刷有限公司印刷
*
开本：787毫米×1092毫米　1/16　印张：15　字数：282千字
2022年7月第一版　2023年11月第二次印刷
定价：65.00元
ISBN 978-7-112-27356-0
（39134）

《专业足球场全过程咨询管理》

编 委 会

序

PREFACE

习近平主席认为："足球运动的真谛不仅在于竞技，更在于增强人民体质，培养人们爱国主义、集体主义、顽强拼搏的精神。"专业足球场是进行足球运动的重要载体，对实现体育强国梦和丰富人民群众精神文化生活具有重要意义。专业足球场的建设相对于一般的公共建筑，有着投资额大、建设周期紧、质量标准高、专业性强、工艺复杂等特点，其工程建设过程需要具备整合能力的全过程工程咨询师来进行精心策划和服务。

上海建科工程咨询有限公司秉承"为城市、为未来"的理念，在工程咨询领域深耕厚植，多年来先后承担了上海虹口足球场、上海浦东足球场、成都凤凰山体育中心、青岛足球场等大型专业足球场的建设工程咨询任务，以及上海体育场、深圳体育中心等综合体育场改造为专业足球场的建设工程咨询任务。上海建科工程咨询有限公司旗下的体育建筑咨询团队，在开拓创新推进项目目标顺利实现的同时，专业能力不断得到提升，对已完成的工程案例进行总结研究，积累汇总了大量的成功经验，在此基础上编写完成了《专业足球场全过程咨询管理》。

该书以专业足球场全过程工程咨询内容为切入点，结合专业足球场的特点和全过程咨询服务的特色，逐一阐述了专业足球场工程建设在前期策划、招标采购、报建报批、勘察设计、工程施工、竣工交付、运营维护等阶段的目标、工作内容、工作方法，并对智慧场馆系统的应用前景进行了展望。全书深入浅出，案例真实，数据翔实，具有较高的学术研究与实际应用价值，为专业足球场的全过程工程咨询模式建设提供了理论和实践总结，值得业内人士学习研读。该书呈现以下三个特点：

一是精准体现专业足球场建设中的特点。专业足球场造型独特、建设规模大、专业性强，建成后需满足国内和国际重大比赛，因此，专业足球场在建筑、结构、机电安装、体育工艺等方面除满足常规规范要求外，尚需满足国际足球联合会等的相关要求。这些专业特点可以说是足球场的灵魂和大脑，贯穿足球场建设的始终，涉及面广。书中进行了细致的分析和研究，并结合国际顶级赛事要求和国内实际情况进行了比较和梳理。

二是全面覆盖咨询工程建设全过程，从专业足球场项目的功能定位开始，一直到运营维护，全过程、全阶段都进行了专业的梳理和分析。打破了以往工程建设过程中的割裂局面，体现了全过程咨询服务方式应用于体育建筑建设的优势。

三是切实结合时代发展，与时俱进。在智慧城市如火如荼发展的今天，书中对智慧体育场馆的应用场景进行了梳理和分析，对提升赛事活动保障能力、提升现场观赛体验具有很大的作用。

我欣喜地看到，专业足球场全过程咨询领域有了第一本专著，同时也希望国内的专业足球场地设施越建越好，为足球运动在全国蓬勃发展奠定坚实的物质基础。

魏敦山

中国工程院院士

华建集团上海建筑设计研究院有限公司资深总建筑师

前言

FOREWORD

足球运动具有广泛影响，深受广大人民群众喜爱。随着我国人民生活水平的不断提高，体育健身意识不断增强，足球运动在我国快速发展，已经成为全民健身的重要组成部分，对于提高国民素质，丰富精神文化生活，发展体育产业，实现体育强国梦具有重要意义。

足球场地设施是发展足球运动的物质基础和必要条件，但目前我国现有足球场地设施与广大人民群众的足球运动需求不相适应。在邓小平理论、"三个代表"重要思想、科学发展观和习近平总书记系列重要讲话精神的指导下，推动落实"四个全面"战略布局，我们要把足球场地设施作为重要民生工程和中国足球振兴的基础性工程，有效增加供给，提高可及性，为足球运动在全国蓬勃发展奠定坚实的物质基础。

为响应国家足球场地建设政策，科学规划建设足球场地设施，增加足球场地有效供给，夯实足球运动发展基础，上海建科工程咨询有限公司组织精兵强将，成立了文化体育建筑专业事业部，并梳理总结既往和正在承担的足球场地建设项目咨询经验，编制完成《专业足球场全过程咨询管理》。

本书共 10 章，第 1 章介绍足球场地的发展和全过程咨询服务的兴起；第 2 章 ~ 第 8 章按照全过程咨询服务阶段分别阐述了专业足球场在项目策划阶段、招标采购阶段、报建报批阶段、勘察设计阶段、施工阶段、竣工及交付阶段、运营维护阶段的咨询服务重点事项；第 9 章介绍了智慧体育场馆的应用和建设管理；第 10 章结合上海建科工程咨询有限公司文化体育建筑事业部承担的专业足球场项目案例进行了分析。

作为专业足球场全过程咨询领域的第一本书籍，本书希望能为相关决策部门提供参考、为社会及企业提供咨询意见、为大专院校及研究机构提供技术支撑。本书数据信息来自近年国家统计年鉴、上海市统计年鉴、公开发布的资料和学者的研究成果。时间仓促，不足之处恳请各位专家及读者批评指正。

最后，向参与本书编制、审查工作的单位和专家表示衷心的感谢。

目 录

CONTENTS

第1章
绪论

1.1 专业足球场发展综述

1.1.1 专业足球场的特点

现代足球的前身起源于中国古代山东淄州（今淄博市）的球类游戏“蹴鞠”，后经阿拉伯人由中国传至欧洲，逐渐演变发展为现代足球。经查证，现代足球始于英国，在被列入正式竞技比赛项目之前，历经以下标志性事件：

（1）1848年，足球运动历史上第一部文字形式的规则《剑桥规则》诞生。

（2）1863年，英格兰成立了世界上第一所足球协会，并统一了足球运动的竞赛规则。

（3）1872年，英格兰与苏格兰之间举行了足球史上第一次协会间的正式比赛。

（4）1900年，在第二届夏季奥林匹克运动会中，足球被列入正式项目。

足球运动由于对抗性强、战术多变、参与人数多等特点，被称为“世界第一运动”。足球的最高组织机构为国际足球联合会，成立于1904年，总部设于瑞士苏黎世。中国最高组织机构是中国足球协会，1955年1月3日成立于北京。

专业足球场就是只为足球项目而建设，不进行其他比赛项目，与综合性体育场相比，其最显著的特点就是专业足球场没有环形田径跑道，能容纳更多的现场观众，观众能更近距离地观看足球比赛。通过与综合性体育场的比较，专业足球场的不同主要表现在：

1. 运动场地的不同

比赛场地大小的不同是两者最本质的不同，专业足球场去掉了综合体育场田径比赛所需要的跑道和田赛场地，场地大小减小至 105m × 68m，场地面积大约 7000m^2，而我们知道综合性体育场的标准场地内场大小为 155.796m × 75.796m，如果再加上两侧标准的 8 跑道宽度，综合体育场场地至少达到 176.2m × 100m，场地面积大约 17620m^2。场地大小的不同会造成设计时采取的具体设计策略的差异，比如设点选择，最佳视距范围，剖面形式等差异，进而造成两者的整体造型和轮廓的差异。

2. 功能上的不同

综合性体育场主要有三个功能：重要赛事的开闭幕式、田径比赛、足球比赛。专业足球场前面已经介绍过，只承办足球联赛和重要足球赛事，从国内外的实际情况来看，还兼顾一些商业活动的组织，如演唱会、电竞比赛、新品发布等。专业足球场由于不承办田径方面的赛事，而只承办足球比赛，所以相对于综合体育场，内部功能简化许多，不再需要为满足各种单项比赛而准备的相应的热身、休息用房，但是因为对足球的强调，为足球运动服务的功能房间更加细化，比如专业足球场通常设置四套足球运动员休息室和更衣室，以满足连场比赛时，四支球队能同时进行更衣和准备活动的要求。功能上的不同还带来了内部交通流线上的变化，体育建筑的几条主要人流——观众、贵宾、记者、运动员、管理人员之间的交通组织更简洁流畅。

3. 视线设计的不同

运动场地的缩小和功能的不同直接导致了专业足球场剖面视线设计的差异。①视点选择不同，综合性体育场在剖面设计时，视点一般选择在西跑道外边线和终点线相交点，这种视点在大型体育场经常被采用，对田赛和足球比赛的观赏都没有影响。专业足球场设计时的视点则选择在角球点或球门处，可以满足观看足球比赛时不会出现死角。②由于场地的不同，视点不同，专业足球场的第一排观众席离球场和球员更接近，观看比赛时的气氛会紧张、热烈，而综合体育场我们都有去过的经验，运动员与观众席之间仍然有相当的距离。③据资料显示，足球比赛最大比赛水平视距为 150m，最大视距约 190m，专业足球场剖面视线设计上的不同，使得处于优良视觉质量的座位数量相对于综合体育场足球比赛时的数量可以大幅增加。需要指出的是，视点的拉近可能会使得专业球场的看台坡度要比综合体育场更陡一些。

4. 看台和建筑造型的不同

专业足球场与综合性体育场的看台略有不同，综合性体育场在体育场南北方向上的看台，由于场地长轴 176m 而最大水平视距 150m 的限制，南北看台观众席视觉质量会非常的差，而专业足球场在南北方向的看台有效视距范围大，我们可以简单计算一下，最大水平视距为 150m，场地南北长 105m，那么也就是说，南北看台各有 45m 左右的有效视距，所以即使设置与东西看台相同数量的排数，看台上的视觉质量也在可接受的范围之内。因此甚至会出现某些专业足球场的南北看台高于东西看台的情况，如托特纳姆热刺的白路巷球场。

正是由于看台的不同，大型的综合体育场的南北看台通常采用与东西看台断开或者不等排的处理手法，而大型的专业足球场的东西南北看台可以采用连贯的手法，看台完整连通。专业足球场的建筑占地比较小，结构选择可以更加灵活，屋盖系统也可以采用最新的结构技术做法，因此建筑造型比较活泼、统一，就像安联球场和汉城世界杯球场展现给我们的造型特点。

1.1.2　专业足球场建设发展阶段

1. 第一代专业足球场——室外开敞场地

第一代专业足球场很不舒适，设施简陋，还经常发生危险。但不管怎样，开敞的室外场地为人们提供了一个竞技的舞台。时至今日，尽管专业足球场的规模越做越大，容纳的人数越来越多，但是人们“热衷于在温暖和煦的阳光下进行体育竞技”的传统并没有改变，特别是人们热爱的竞技项目如足球、田径等都还是在室外开敞的场地上进行。

随着足球运动的普及，专业足球俱乐部联赛的举办，专门为足球运动而建的足球场也开始出现，但是最初的足球场，很多功能和设施还不完善，绝大部分的球场都是站席，没有遮挡风雨的顶棚，如 1892 年 8 月，世界第一座业足球场在英国利物浦古迪逊公园投入使用（图 1.1–1）。

图 1.1–1　英国利物浦古迪逊公园足球场

2. 第二代专业足球场——向室内的转变

随着工业革命的进程，各类工业技术及建造技术得到了巨大的提升，技术手段的发展使得室外项目的室内化成为可能。专业足球场不但满足了各国在足球竞技项目和其他功能日益复杂的要求，表现了建筑艺术和工程技术上的巨大突破，同时也为建造者带来了一定的经济效益。这种从室外向室内转变的场地我们称之为第二代专业足球场。专业足球场在功能上也有了进步，有了舒适的座位和较大的顶棚，出现了餐饮供应设施，为观众提供了除观看比赛外的其他服务。前两代的专业足球场都是单一用途，只是为了满足足球比赛和商业展览、会演等，场馆的真正使用的时间也相当有限，数周内可能只用几个小时，其他时间都基本是闲置的。

真正意义上的专业足球场是在这个时期发展而来的，建设遮雨的屋顶和舒适的座椅，为观众提供良好的观看环境。

3. 第三代专业足球场——可开闭式屋顶

进入 20 世纪以后，随着后工业时代的来临，以信息、服务为主的第三产业逐渐占据社会主导地位，人们对体育建筑提出了屋顶开关、收缩和变化的要求。第三代专业足球场也随之到来。如 1996 年建成投入使用的阿姆斯特丹竞技球场（图 1.1–2），其屋顶可以自由伸缩，停车场与道路建于球场之下，可容纳 5200 人，总造价达

图 1.1–2　阿姆斯特丹竞技球场

12 亿人民币。

随着专业俱乐部赛事的完善和商业化的推进，足球经济得到了巨大的飞跃，越来越多专业俱乐部开始自资建设专业化的足球场，着力解决因气候条件影响比赛，同时观众观球感受不佳的问题。

专业足球场屋顶设计，将工程技术和力学美妙融合，形成一个完美的结合体。曾经只是作为观众遮风挡雨的篷盖，已进化为体育场建筑设计中最富挑战性的设计议题之一。同时可开启屋顶还可帮助营造体育场最难以言传的特质——气氛。屋顶关闭时，照明和音响可以加强放大，创造一种气氛，增强人们的感受还可以提供全天候的活动条件。因此人们都将“开闭式屋顶”作为第三代体育场的标志。此外，20 世纪草皮技术的发展大大改善了体育场的运动条件，为进行多种比赛和活动提供了保证。以电视转播为媒体的传媒也进入了专业足球场将各种大型的盛事通过电波传送到足球场以外，为未能亲临现场的观众提供了便利。第三代专业足球场智能化程度越来越高，但给人们带来了惊喜的同时，也付出了昂贵的代价。

第三代专业足球场智能化功能得到大步提升的同时，不少足球场建造费用巨大与有效运营时间较短、运营成本高的矛盾也进一步突显。

专业足球场的技术进步是在这个阶段完成的，先进的技术和专业足球场结合，为观看比赛的球迷提供了更舒适的环境，为足球比赛的进行提供了多方面的保证。

4. 第四代专业足球场——智慧化

世界首家全球体育休闲和娱乐设计机构提出，第四代专业足球场应该具备良好的赛场气氛、全面的服务保障、设施的综合利用以及与环境的协调发展。这些设计理念已经在悉尼奥运会主体育场和墨尔本殖民体育场的设计中展示出来，收到了良好的效果。第四代体育场应该是“智慧化”的体育场。

国内也有不少专家学者对第四代体育场的特征发表了自己的见解。有些学者认为第四代体育场必须具备高技术、高适应性与可持续发展，有的文章把活动座椅列为第四代体育场的重要特征。马国馨教授也在《体育场设计当议》一文中指出“进入信息时代后，更为信息化、数字化、网络化成为第四代体育场的重要特征”，但是就其展开论述的内容来看，他还是将行业的进一步介入和可持续发展作为第四代体育场的特征。

1.1.3　中国专业足球场发展状况

限于中国足球职业化的发展程度，国内的专业足球场尚属新生事物，1999 年 3 月

图 1.1–3　上海虹口足球场

竣工的上海虹口足球场是国内及亚洲第一个专业足球场（图 1.1–3）。总建面积 7.29 万 m^2，观众席位 3.7 万个，另设有 47 个包厢。足球场草坪使用地加温和强排水设施，当时在国内尚属首例。上海虹口足球场获得了很大的成功，探其原因这个体育场属于旧体育场的原址重建，用地相当紧张，建设专业足球场而非综合性体育场，可以极大地节省用地，缓解用地过分紧张的矛盾，有效地控制了建设规模，减少不必要的投资。上海市并不缺少综合性体育场，如上海体育场的各方面条件就很好，没有必要重复建设，专业足球场在使用方面相比综合性体育场有很大的优势,利用这种“差异性”进行“差异化”竞争，提高了自身的竞争力，尚属全国首例，其独创性好，容易提高知名度，在实际使用中，效果良好。

伴随上海虹口足球场一起建设的最早一批建成的专业足球场分别是：团泊体育场、泰达足球场、虹口足球场、龙泉驿专用足球场、肇庆新区足球场、金山体育场。但由于没有高级别的球队作为主场或由于地理位置较为偏僻，目前运营较好的也只有虹口足球场。

因此，在国内专业足球场发展存在的问题主要还是面临运营期运营成本高、场馆利用率低下的问题。

正如《全国足球场地设施建设规划（2016—2020 年）》中指出：截至 2013 年底，全国拥有较好条件的足球场地 1 万余块，平均约 13 万人拥有一块足球场地，与足球发达国家存在较大差距。到 2020 年，全国足球场地数量超过 7 万块，平均每万人拥有足球场地达到 0.5 块以上，有条件的地区达到 0.7 块以上的建设目标。全国建设足球场地约 6 万块，其中修缮改造校园足球场地 4 万块。改造新建社会足球场地 2 万块，要求每个县级行政区域至少建有 2 个社会标准足球场地，有条件的城市新建居住区应建有 1 块 5 人制以上的足球场地。新建 2 个国家足球训练基地。

同时，随着我国综合国力的提升，各地方省高对承办全国性、国际性赛事的热情持续高涨，随着国家体育产业化的推进，专业足球场的建设标准越加完善，同时，按照《全民健身计划（2016—2020 年）》提出，建设全民健身场地设施，重点是建设一批便民利民的中小型体育场馆，建设县级体育场、全民健身中心、社区多功能运动场等场地设施的要求。专业足球场周边环境一般都打造成体育公园、健身步道等设施，并且，足球场内的设计更加齐全，场内的商业活动如商演、招聘、电子竞技等活动的条件得到进一步完善，过去运营成本居高不下的窘境将得到极大的改善。专业足球场建设迎来了一波新的高潮，部分足球俱乐部也开始建设属于自己的专业足球场，如广州恒大、大连万达等企业都在建设自己的足球场。尤其中国承办 2023 年亚洲杯，在北京、天津、上海、重庆、成都、西安、大连、青岛、厦门和苏州 10 座城市举行。经调研，9 个城市全部新建球场，截至 2021 年 9 月，上海、成都两座城市已经完成专业足球场比赛场馆的建设任务，其他城市正在如火如荼地开展建设中。

1.2　全过程工程咨询服务概述

1.2.1　全过程工程咨询发展趋势

改革开放以来，我国工程咨询服务市场化快速发展，形成了投资咨询、招标代理、勘察、设计、监理、造价、项目管理等专业化的咨询服务业态，部分专业咨询服务建立了执业准入制度，促进了我国工程咨询服务专业化水平提升。随着我国固定资产投资项目建设水平逐步提高，为更好地实现投资建设意图，投资者或建设单位在固定资产投资项目决策、工程建设、项目运营过程中，对综合性、跨阶段、一体化的咨询服务需求日益增强。这种需求与现行制度造成的单项服务供给模式之间的矛盾日益突出。

为深入贯彻习近平新时代中国特色社会主义思想和党的十九大精神，深化工程领域咨询服务供给侧结构性改革，破解工程咨询市场供需矛盾，必须完善政策措施，创新咨询服务组织实施方式，大力发展以市场需求为导向、满足委托方多样化需求的全过程工程咨询服务模式。特别是要遵循项目周期规律和建设程序的客观要求，在项目决策和建设实施两个阶段，着力破除制度性障碍，重点培育发展投资决策综合性咨询和工程建设全过程咨询，为固定资产投资及工程建设活动提供高质量智力技术服务，全面提升投资效益、工程建设质量和运营效率，推动高质量发展。

2017 年 2 月，国务院办公厅颁布《关于促进建筑业持续健康发展的意见》（国办发 [2017]19 号），提出鼓励、发展、推广全过程工程咨询，要求政府投资工程应带头推行全过程工程咨询，鼓励非政府投资工程委托全过程工程咨询服务。在国家政策的推动下，工程咨询业迎来了巨大的发展机遇，进入了新时代。

2017 年 5 月，住房城乡建设部《关于开展全过程工程咨询试点工作的通知》（建市 [2017]101 号）确定了包括广东省在内的 8 个试点省份，以及包括上海建科工程咨询有限公司在内的 40 家试点企业，并于 2017 年 9 月 15 日将广西也列为试点省份。率先开展为期 2 年的全过程工程咨询试点工作。

2018 年 3 月，住房城乡建设部《关于征求推进全过程工程咨询服务发展的指导意见》（建市监函 [2018]9 号）明确了全过程工程咨询服务的定义，建立了全过程工程咨询管理机制。

2018 年 4 月，广东省住房城乡建设厅《建设项目全过程工程咨询服务指引（征求意见稿）》（粤建市商 [2018]26 号）首次提出了总咨询师概念、“1+N”服务和计费模式地方层面全过程工程咨询服务指引。

2018 年底共计 17 个省份已开展全过程工程咨询的试点工作，其中共 14 个地区公布了相关的试点方案或指导意见。

2019 年 3 月，国家发展改革委、住房城乡建设部《关于推进全过程工程咨询服务发展的指导意见》（发改投资规 [2019]515 号）在住房城乡建设部 2018 年的征求意见稿发布一年后，两部委联合发布正式指导意见，提出在房屋建筑和市政基础设施领域推进全过程工程咨询服务发展，强调在项目决策和建设实施两个阶段，重点培育发展投资决策综合性咨询和工程建设全过程咨询。

2021 年 1 月湖南省住房城乡建设厅发布《湖南省房屋建筑和市政基础设施项目全过程工程咨询招标投标管理暂行办法》，明确政府投资、国有资金投资新建项目应当采用全过程工程咨询模式，服务内容至少应包含工程勘察、工程设计、工程监理、造价咨询、项目管理五项咨询服务。

1.2.2　足球运动发展的政策

为进一步满足群众体育健身需求，普及推广足球运动，全面振兴中国足球和建设体育强国，国家发布了《国务院关于加快发展体育产业促进体育消费的若干意见》（国发 [2014]46 号）、《中国足球改革发展总体方案》（国办发 [2015]11 号）和《中国足球中长期发展规划》（发改社会 [2016]780 号）及《全国足球场地设施建设规划（2016—2020 年）》。随后各地方省市也针对本省情况提出了相应的规划如下：

《广东省体育发展“十三五”规划》提出：到 2020 年，全省足球场地数量超过 6500 块，其中新建足球场地 3000 块，平均每万人拥有足球场地 0.6 块以上，有条件的地区达到 0.7 块以上。《广东省足球场地设施建设空间布局总体方案（2017—2020 年）》提出：广东省至 2020 年，要建立国家级足球基地 6 个，省级足球基地 5 个，市级足球基地 6 个，专业足球场馆 5 座，综合性体育中心 45 座，城市足球公园 52 个。

《江苏足球“十三五”发展规划》提出：到 2020 年，新增足球场地 1200 块，每万人拥有足球场地达 0.9 块。全省建成 2~3 个具有江苏特色的足球小镇，1~2 个具备国际先进水平的大型专用足球场。

《浙江省足球场地设施建设规划（2016—2020 年）》提出：到 2020 年，全省足球场地数量超过 4600 块，平均每万人拥有足球场地达到 0.8 块以上。新建校园足球场地 830 块，社会足球场地 550 片，推动杭州开建 1 个专业足球场。

《福建省足球场地设施建设规划（2016—2020 年）》提出：“十三五”期间，全省建设足球场地 800 块。到 2020 年，全省足球场地数量达到 2200 块，平均每万人拥有 0.55 块。

《河南省足球场地设施建设规划（2016—2020 年）》提出：到 2020 年，全省修缮、改造和新建 5500 块左右足球场地，其中修缮改造校园足球场地 3600 块，改造新建社会足球场地 1900 块，建设 8~10 个省级足球训练基地。

《湖南省足球场地设施建设规划（2016—2020 年）》提出：到 2020 年，修缮改造校园足球场地 2000 块，改造新建社会足球场地 1000 块，新建 1 个国家足球训练基地。为了湖南省申办 2025 年第十五届全运会所作努力，湖南省体育局将组织新建湖南奥林匹克体育中心项目。

《陕西省足球改革发展实施方案》提出：“十三五”期间，各设区市至少建设 1 块可承办大型赛事的足球场地，建设若干块标准足球场地；各县（市、区）教育和体育行政部门依托学校至少联合建设 1 块标准足球场地，建设若干块非标准足球场地。提倡各市、县、区因地制宜建设和推广一批笼式足球场。推动新建大型居住区和社区至少建成一块五人制足球场地。

《内蒙古自治区足球场地设施建设规划（2016—2020 年）》提出：2015 年底，全区共拥有各类体育运动场地 25367 个，可用于足球运动的场地 2112 块，其中标准足球场地 616 块、非标准足球场地 1496 块，全部足球场地中，社会足球场地 590 块、学校足球场地 1522 块。到 2020 年，全区共建设足球场地设施 1400 块以上，其中社会足球场地约 770 块，校园足球场地约 700 块。到 2020 年，全区足球场地达到 3300 块以上，需新建足球场地 1400 多个。

另外，随着我国国民经济的发展，我国以国家或地方省市举办的国际性赛事、全国性赛事越来越多，影响力越来越大，赛事举办的市场开发能力也越来越完善，同时，由于各类赛事带动的体育产业规模亦越发庞大，从而提升当地甚至国家的经济水平。为此，很多地方政府也在推动建设体育城、文化城、赛事名城等特色城市，如：

（1）江苏省提出，支持南京市建设亚洲体育中心城市和世界体育名城，无锡市建设智慧体育城市，徐州市建设国际武术文化名城，苏州市建设国际体育文化名城，扬州市建设旅游体育城市，宿迁市建设时尚体育、生态体育城市等体育产业特色城市。

（2）浙江省提出，围绕 2022 年第 19 届亚运会等重大赛事筹备举办工作，加快建设一批具有申办大型国际一流赛事、国际综合性运动会能力的赛事体育设施。

（3）河北省提出，以举办 2022 年冬奥会和冬残奥会为契机，大力发展冰雪运动，加强冰雪人才培养，提升群众普及水平。加强足球、冰雪、水上、航空、山地户外等健身休闲运动场地设施建设。

1.2.3　专业足球场全过程工程咨询服务探索

随着全过程咨询服务的试点开展，笔者单位已承接深圳技术大学、深圳医院、嘉兴九水连心、嘉兴未来广场等项目的全过程咨询服务，在全过程工程咨询服务中已建立相对完善的管理制度和管理办法。

另外，近年来也承接了全国范围内多座专业足球场监理业务，如虹口足球场、浦东足球场、成都凤凰山足球场、贵阳恒大足球场、青岛青春足球场、上海体育场应急改造工程等（详见图 1.2–1~ 图 1.2–6），专业足球场监理业务经验积累丰富。

同时，笔者单位也开展了《全过程咨询设计管理课题》《体育建筑全过程咨询服务模式及实践研究课题》《大型体育场馆改造质量安全风险动态控制》等课题研究，对体育建筑形成了初步的关键技术库、体育工艺供应商数据库等。

2020 年 10 月成功承接了深圳市体育中心改造提升项目的全过程咨询服务

图 1.2-1　上海虹口足球场

图 1.2-2　上海浦东足球场

图 1.2-3　成都凤凰山足球场

图 1.2-4　贵阳恒大足球场

图 1.2-5　青岛青春足球场

（图 1.2–7），为全过程咨询服务业务的进一步完善和科研课题研究成果的应用提供了良好的项目实践，相信通过对专业足球场全过程工程咨询服务的不断探索，专业足球场的建设将会越来越完美，智慧化场馆的应用愈加深入。

图 1.2–6　上海体育场应急改造工程

图 1.2–7　深圳市体育中心改造提升项目

第 2 章 专业足球场项目策划阶段咨询

2.1 项目总体策划管理理念及方针

全过程工程咨询单位进场后，需基于贯穿始终的项目管理理念和方针，根据工程咨询合同约定的工作范围，进一步系统分析项目的特点，调查项目建设的所有相关需求；再基于分析及调查结果，对项目的整体目标进行分解，对项目层面的各项工作进行整体策划，明确各参建单位的工作范围和工作界面；然后基于项目层面的整体策划，明确全过程工程咨询单位的具体工作职责，并由全过程工程咨询团队再进一步分析、细化，形成项目管理工作大纲，用于指导全过程工程咨询团队的实际管理工作（图 2.1–1）。

运用项目总控（Project Controlling）的思路和方法统筹项目全局，并在项目管理过

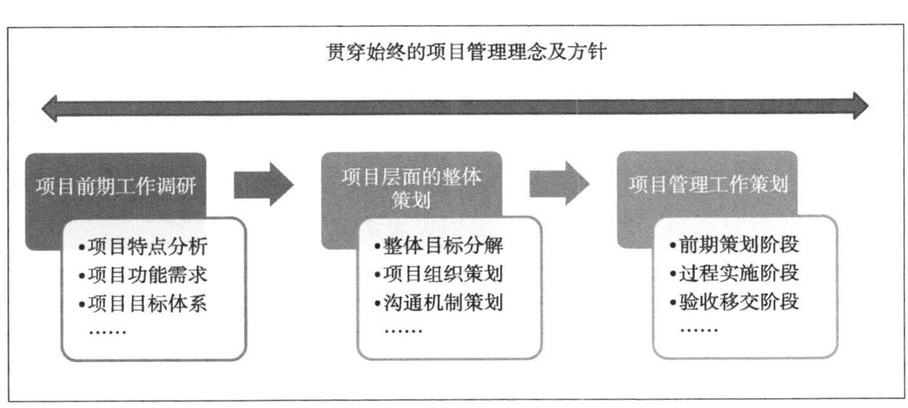

图 2.1–1　项目管理思路

程中始终贯穿和执行“一个原则、两个标准、三个一流、四个环节”的管理理念和方针（具体内容如图 2.1-2 所示），以解决在项目策划、设计管理、招标采购、施工管理、验收及移交等方面诸多管理或技术难点，为建设单位提供切实可行的项目管理综合解决方案，以实现项目各项建设目标。

一个原则	以运营为导向
两个标准	管理精益化、技术高标准
三个一流	一流的管理团队、一流的实战资源、一流的咨询服务
四个环节	抓源头、抓过程、抓整改、抓落实

图 2.1-2　项目管理思路

2.2 项目策划阶段工作内容

2.2.1　项目前期工作调研

1. 项目目标体系

项目管理的本质就是目标控制，因此，全面明确和理解专业足球场项目的目标体系是开展工程项目管理工作的首要任务。不管是成果性目标，还是约束性目标，都需全方位进行梳理和分析足球场项目，并通过协调各参建单位的共同努力，确保所有建设目标的实现。全过程工程咨询服务，需遵守勘察、规划、设计、监理、造价咨询等相关法律、技术标准和相应阶段深度规定，并符合国家和行业现行有效的强制性规定及其他相关规定。一般情况下，专业足球场项目咨询服务的总体目标为：

（1）投资控制目标：确保投资控制在经建设单位审批的项目实施阶段的目标成本内。

（2）质量控制目标：按照国家最新颁布的《建筑工程施工质量验收统一标准》及相应配套的各专业验收规范，验收合格，争创鲁班奖。

（3）进度控制目标：在规定的竣工时间完成该项目的全部竣工验收及结算并移交。

（4）安全生产文明施工控制目标：确保不发生一般事故等级及以上的安全生产事故，且死亡人数为零，达到市安全生产文明施工示范工地标准。

（5）绿建、建筑节能目标：积极应用“四新技术”，争创绿色建筑创新奖。

2. 项目建设条件

在明确了项目的目标体系后，就需要对项目的内外部建设条件进行调查，全面了解项目建设实施可能面临的内外部环境、可利用的资源及潜在的风险。

首先调查项目的外部建设条件，主要包括项目建设的自然环境（如气候、水文、地质、地形、地貌）、区域环境（如交通、市政配套）、经济及政策环境（如法律法规情况）、市场环境（如建筑市场整体情况、材料设备价格波动情况）等方面。

其次调查项目的内部建设条件，主要包括建设单位现有的组织及人力资源情况、建设单位的资金准备情况、建设单位拟投入的物力资源（如项目必须的临时办公楼、后勤保障设施等）情况、建设单位前期工作（如前期报批报建）的完成情况等。

3. 专业足球场的功能定位需求

工程项目策划的首要任务是根据建设意图进行工程项目的定义和定位，全面构想一个待建项目系统。

项目定义是指要明确界定工程项目的用途、性质，如某类工业项目、交通运输项目、公共项目、房地产开发项目等，具体描述工程项目的主要用途和目的。对专业足球场而言，其项目定义基本已经明确。

项目定位[①]是要根据市场需求，综合考虑投资能力和最有利的投资方案，决定工程项目的规格和档次。对专业足球场而言，其定位是要根据市场需求，综合考虑赛事需求、足球事业的发展、投资能力等，决定专业足球场的规格和档次。以上海浦东足球场为例，其定位为“上海市承办高级别足球赛事之场地”。

在工程项目定义和定位明确的前提下，需要提出工程项目系统框架，进行工程项目功能分析，确定工程项目系统组成。例如，要新建一所学校，其系统构成应包括教学楼、实验室、办公楼、食堂、体育设施，以及视教师和学生的住宿情况建设必要的教师宿舍、学生集体宿舍和浴室等其他生活设施。通过策划工程项目系统框架，应使工程项目的基本设想变为具体而明确的建设内容和要求。

以上海浦东足球场为例，在其定义和定位明确后，功能可明确为符合国际赛事要求的专业足球场，并包括足球俱乐部相关设施如队史陈列、足球文化展示等。功能明确后，建设内容即可确定为“运动场地、看台、观众用房、运动员用房、竞赛管理用房、媒体用房、场馆运营用房、后勤辅助用房、设备用房、地下车库等”[②]。

---

① 全国造价工程师职业资格考试培训教材编审委员会 . 建设工程造价管理 [M]. 北京： 中国计划出版社，2019。

② 建设内容摘自项目的立项批复文件。

在建设内容明确的同时，对建设规模也应进行合理性分析。规模大小制约着体育建筑的运营。规模过小，难以满足实际使用需要；规模过大，容易造成上座率低，难以维持自身的运营。竞技体育建筑的规模大小体现在座席数量和建筑面积两方面。

专业足球场的座席数量受当地足球比赛的市场容量、项目资金来源、对未来发展的预测等因素的综合影响。而某地足球比赛的市场容量制约于地区人口数量、目标人群观看比赛的消费习惯和经济基础。

以某专业足球场为例，该项目在决策阶段曾进行过 3.3 万座、3.5 万座及 3.75 万座的规模多方案比较。经分析认为，该专业足球场主要承办国内足球赛事，赛事的市场容量可从足球俱乐部的比赛数据进行判断。

中国足球协会超级联赛（通常简称为“中超”）是中国内地级别最高的足球比赛。2019 赛季为不受新冠疫情影响的最近一个赛季，2019 赛季年中超场均观赛人数 24244 人。其中上座人数最高的是广州恒大淘宝的 4.4 万人，排名第二的是北京中赫国安的主场工人体育场场均上座 40426 人。恒大和国安的主场也是仅有的两个场均上座人数超过 4 万的主场。中超上座人数超过 3 万的主场还有重庆斯威的重庆奥体中心和大连一方的大连市体育中心体育场（图 2.2–1）。

中超常规比赛日上港在主场平均上座率为 2.8 万人，亚冠比赛的主场平均上座率为 2.9 万人。评估认为，33000 座的规模即可满足中超、亚冠等国内顶级足球赛事，同时也给上海足球市场发展留了空间。

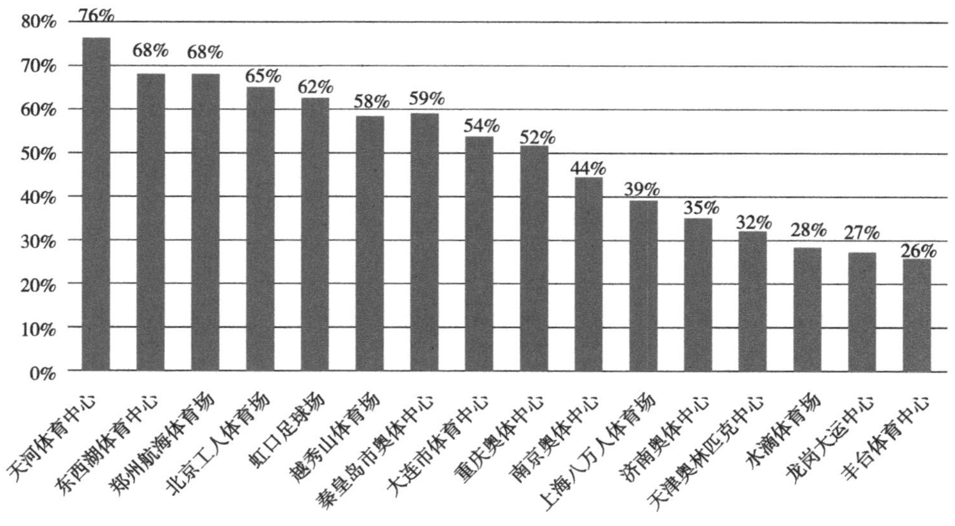

图 2.2–1　2019 年中超联赛各主场上座率

（根据搜狐体育数据进行绘制）

专业足球场的建筑面积可参考同类型足球场的建筑面积，详见表 2.2–1。

国内外足球场座席与建筑规模　　表 2.2–1

足球场	座席数（个）	总面积（m^2）	单座面积（m^2）
诺坎普（巴塞罗那队的主场）	109815	155000	1.41
安联（拜仁和 1860 慕尼黑共同所有）	75000	140000	1.87
梅阿查（意甲球队 AC 米兰和国际米兰的共用主场）	85398	220000	2.58
北京工人（北京国安主场）	64000	80000	1.25
天津泰达（天津泰达队主场）	34000	75000	2.21

在《公共体育场馆建设标准系列（体育场建设标准）》（2009 年征求意见稿）中对人口规模 200 万以上的城市建设 30000~40000 座体育场，单座建筑面积的标准为 1.20~1.25m^2，考虑到上海足球市场未来良好的发展趋势，可按单座面积 2.5m^2 来核定项目建设规模，即建筑面积为 $2.5 \times 33000=82500m^2$。

建筑面积还需要考虑停车场的面积。按《建筑工程交通设计及停车库（场）设置标准》，在座位数大于 15000 座时应按照不低于 3.5 辆 / 百座设机动车停车位，按 17.5 辆 / 百座设非机动车位，则该专业足球场设机动车位应不少于 1293 个，非机动车位不少于 6482 个。按每机动车位 40m^2 和非机动车位 1.8m^2，则车库面积 63388m^2。

综合得出该专业足球场总建筑面积为 145888m^2。

综上，专业足球场的功能要求分析是关于建筑产品的目标、内容、功能、规模和标准的研究分析过程。

2.2.2　项目整体策划

1. 组织策划

专业足球场项目在建设过程中，参建单位多，且往往建设单位和使用单位相互独立。建立一个高效的组织系统，是项目能否实现各项建设目标的前提和关键。为此，须与建设方、使用方和相关行政主管部门进行充分沟通，并结合前期工作调研的成果及众多大型项目的建设管理经验，合理设计项目的“工作流”及“信息流”，建立一个与项目建设实施匹配的组织系统，包括项目结构（P–WBS）、组织结构（OBS）、任务分工、管理职能分工、工作流程等。

需要指出的是，项目组织策划主要是从整个项目的角度出发，以整个项目建设总体管控方面，对整个项目进行组织策划。

（1）项目结构（P-WBS）分解

项目结构图是一个重要的组织工具，其可通过树状图的方式对项目的结构进行逐层分解，以反映组成项目的所有工作任务。一般基于以下原则对项目进行项目结构分解：

1）考虑项目的总体进度计划安排；

2）考虑项目的功能布局及组成；

3）有利于项目设计、施工及物资采购的发包及其具体任务的开展；

4）结合项目的合同结构及项目全过程咨询组织结构；

5）有利于项目各项建设目标的控制。

在项目全过程咨询团队进场后，应基于以上原则与建设单位、设计单位、使用单位等共同商定对项目结构进行分解，典型的结构分解如图 2.2-2 所示。

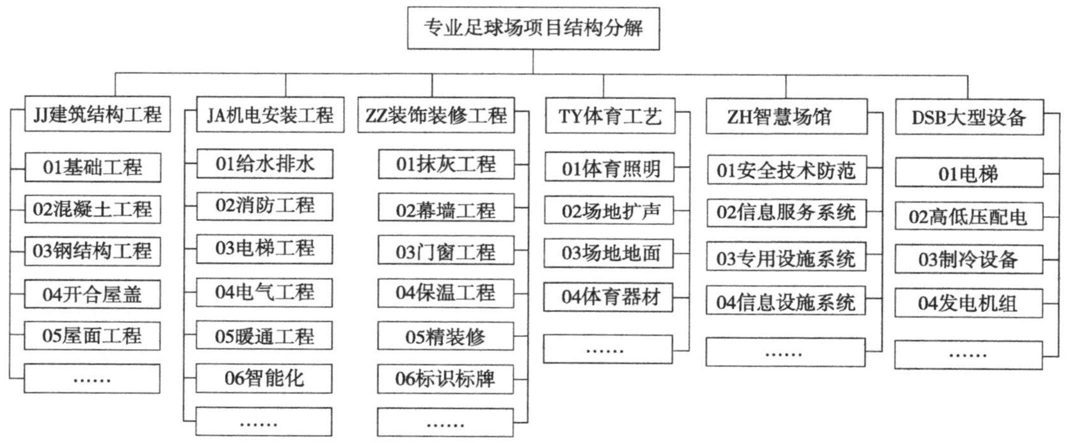

图 2.2-2　项目的结构分解示例图

（2）项目管理组织结构（OBS）

组织结构是项目全过程管理的最核心问题。结合专业足球场项目的特点（如综合性项目，使用单位多，建设单位和使用单位相互独立等）和建设单位的实际需求（建设单位内部人力资源有限），项目管理组织结构总体上应尽可能扁平化，使工程咨询单位和建设单位融合办公，是很好的一种形式。在此基础上，首先建立适用于项目整体管理的组织结构（可考虑由建设单位主导成立针对项目的决策委员会），并在此管理层级上设立统一的建设标准、管理制度和管理流程；结合项目的具体特点和相关要求，建立适用于项目的组织结构及其配套的具体操作流程。示例如图 2.2-3 所示。

（3）任务分工

项目全过程咨询团队应结合项目的特点，对项目建设实施各阶段的报批报建、设

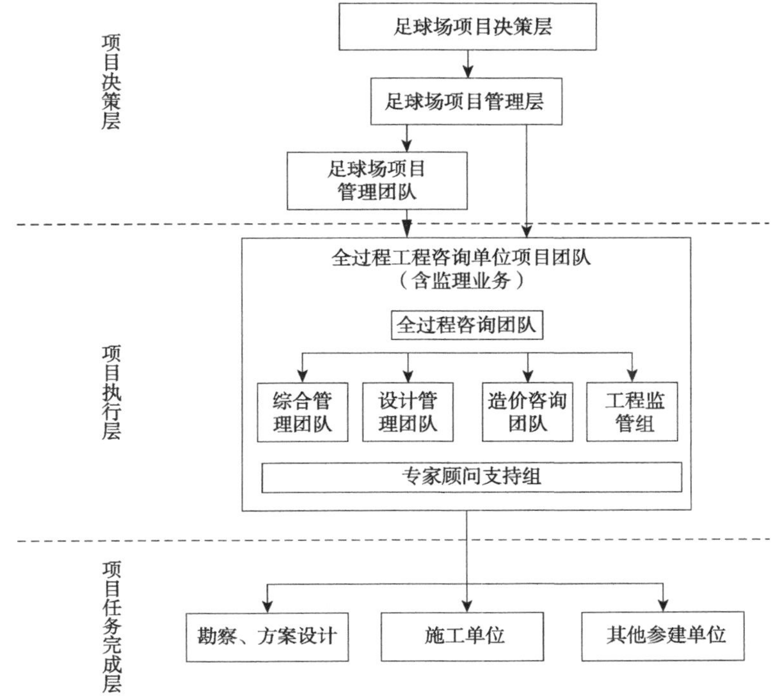

图 2.2–3　项目的结构分解示例图

计管理、招标采购及合同管理、安全文明施工管理、进度管理、质量管理、投资控制及造价咨询管理、BIM 管理、档案信息管理等管理任务进行详细分解，形成针对本项目的全过程咨询任务分解表。然后，在全过程咨询任务分解的基础上，定义项目总负责人、各部门负责人、项目总监及其他工作人员的工作任务，并编制针对项目的管理任务分工表。该管理任务分工表将明确各项工作任务的负责部门（或个人）、配合或参与部门（或个人），并在项目进展过程中视需要进行调整。

（4）管理职能分工

指的是项目的全过程咨询团队（项目总负责人、设计管理负责人、造价合约负责人、总监理工程师、各工作部门和工作岗位）对项目各项工作任务的职能（包括筹划、决策、执行、检查、信息、顾问、了解等）的分工。为了使项目的管理职能分工更清晰、更严谨，全过程咨询管理团队进场后，与建设单位一起共同制定针对项目的管理职能分工表，并视需要辅以管理职能分工描述书。该管理职能分工表将根据项目的进展情况及其他需要进行逐步深化。

（5）工作流程

专业足球场项目参建单位和人员众多，为顺利开展项目全过程咨询工作，工作流程的组织策划十分必要。项目全过程咨询团队进场后，在研究建设单位现有管理制度和工作流程的基础上，与建设单位一起共同制定针对项目的各项主要工作流程。具体包括三个方面的工作流程：

1）建设工程活动流程：如设计准备、设计、招标采购等工作流程；

2）管理工作流程：如报批报建、投资控制、进度控制、质量管理、合同管理、付款和变更管理等工作流程；

3）信息处理工作流程：如与生成项目周报、月报、季报等有关的数据处理工作流程。

上述三个方面的工作流程具体包含哪些内容，将由项目的特点、建设内容、工作任务及管理职能分工等决定。项目全过程咨询团队将充分考虑上述因素，以流程图的形式将项目的主要工作流程清晰地表达出来，并根据需要及项目进展逐层细化和完善这些工作流程图，在提高工作效率的同时，确保工程项目全过程咨询的标准化和规范化。

2. 项目进度策划

在全过程项目管理的过程中，进度计划的制定流程如图 2.2–4 所示，是一个动态控制过程。

全过程进度管理需要根据整个项目的情况，考虑设计、招标、施工大工序的穿插安排，保证项目进展连续不断档，各穿插工作相互衔接紧密。

通过招标阶段工作，交通、体育工艺、运营等专项顾问提前招标，为初步设计阶段技术方案确定打下技术基础；通过地基基础施工、监理单位招标与施工图设计并行，争取基础工程施工时间；通过幕墙、体育工艺、智慧场馆等专项顾问的介入，细化总

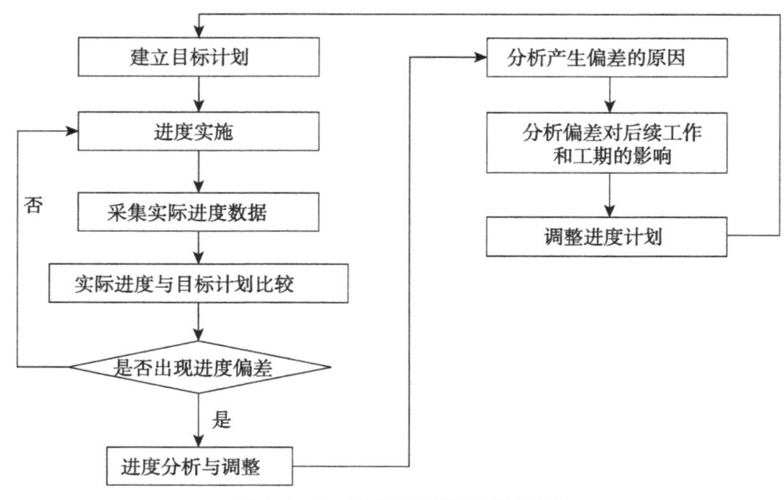

图 2.2–4　进度计划制定流程图

包招标，为在主体施工阶段开展专项设计施工提供技术基础工作提供；大宗材料、设备的采购与主体工程施工穿插，装饰装修与景观市政配套工程并行，通过以上“并行工程”，加快工程进度。

施工阶段，除了常规的土建及机电安装施工外，足球场或还涉及体育馆开合屋盖、FIFA 场馆标准、高精度测量、深大基坑开挖、大跨度钢结构安装、智慧场馆的实施等重大技术难题。如此大规模且高技术难度的项目，在有限的时间内，如何在保证质量安全的前提下按期完工，是一个非常严峻的挑战。因此，在详细分析项目特点的基础上，结合大型项目的建设管理经验，须对项目的施工阶段建设进度做以下策划：

（1）分析既有地下管网、地质情况、环境影响、施工技术难度等工程建设时序影响因素，提出针对项目整体的包含勘察、设计、招标、施工等的技术控制要求与关键控制节点，并在此过程中充分利用 BIM 技术，加快工作效率；

（2）分析各个施工标段涉及的工程范围、规模及技术难点，进而分析各施工标段之间的建设时序与相互影响，提出针对施工标段的包含勘察、设计、施工等的技术控制要求与关键控制节点，同时提出各施工标段之间施工界面的具体划分；

（3）分析各个施工标段内部工程的建设时序与相互影响，提出针对标段内部的包含勘察、设计、施工等的技术控制要求与关键控制节点，同时提出施工总承包单位与设计单位、材料设备供应商等协调配合的总体要求。

项目进度可按四级进度进行编制策划，内容分别是总进度计划、框架日期计划、项目进度计划、细部日期计划，如图 2.2–5 所示。

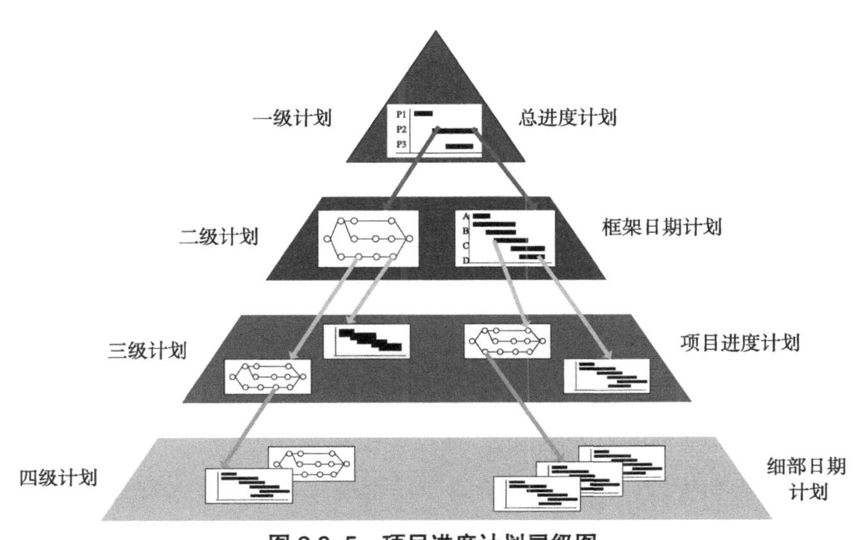

图 2.2–5　项目进度计划层级图

在完成上述分析之后，编制项目的建设进度总体策划报告，提出建设开发的里程碑节点及关键线路，并在此基础上建立项目三级进度计划和控制体系。在项目实施过程中，编制进度执行月报，并根据现场实际情况动态调整开发建设总时序及节点，如图 2.2–6 所示。

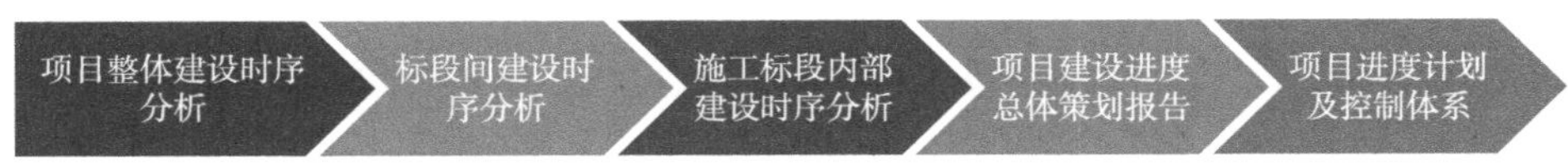

图 2.2–6　项目开发流程概述

3. 投资造价管理策划

工程造价的有效控制是在优化建设方案、设计方案的基础上，在建设程序的各个阶段，采用一定的方法和措施把工程造价的发生控制在合理的范围和核定的造价限额内。具体来说，要用投资估算价控制设计方案的选择和概算造价；用概算造价控制施工图预算：用施工图预算控制结算造价。

需要确定合理的建设规模和标准，设计方案的选择、材料设备的选用等，是影响工程造价是否经济合理的前提，直接关系到工程造价的高低及投资效果的好坏。在方案阶段和初步设计阶段，从提高整个工程项目的可实施性，更好地控制施工工期，降低施工难度，保证施工过程及运行阶段的工程质量及安全的角度考虑，确定工程项目总投资控制金额。

项目应体现高标准、高质量、高速度并做到投资合理，在保证满足 FIFA 以及全面健身等项目要求的标准、满足设计要求、满足使用功能的前提下，以最快的速度，合理地投资完成项目建设。采取了全过程的投资控制体系，具体内容有：

（1）建立高效运行的投资控制管理机构。在项目实施的前期组建一个由建设单位、工程造价咨询单位和全过程咨询单位组成的投资管理架构来对项目进行分级管理，各司其职，控制投资造价。

（2）采取分级管理的方法将项目投资控制的责任落实到每个部门。针对项目的管理特点，分为单项工程、单元工程和单位工程三个层次，每个层次对应不同的管理主体进行分级管理。

（3）建立投资控制预警机制，实现对项目投资的主动控制。全过程工程咨询团队应制定《项目投资额变动的预警机制》，在投资控制管理过程中，通过每月对资金使用状况进行动态分析和管理，当工程造价的变动出现异常或投资占概算分解指标达到一定幅度时，启动层级预警机制，同时提出投资控制措施和建议。通过对项目投资的主动控制，能有效地控制工程最终结算造价在概算造价的范围内。

因此建议采用积极的预先控制方法，这样既能合理控制投资，又能有序把握进度。根据以往项目经验总结以下几点安全保证措施，并在项目实施过程中根据委托方实际需要提供服务。

（1）投资与造价事前控制措施

1）了解掌握工程特点与难点

根据项目的特点，组织工程师对工程涉及的新规范、新工艺进行学习掌握，便于更好地对工程进行监控，同时也要借鉴类似工程经验。

2）做好投资预控

确定项目建设标准并且掌握承包单位的施工组织设计方案，结合现场情况确认已发生投资，预计将发生的投资。根据阶段结算、预算及时间向建设单位反馈我们的建议，如图 2.2-7 所示。

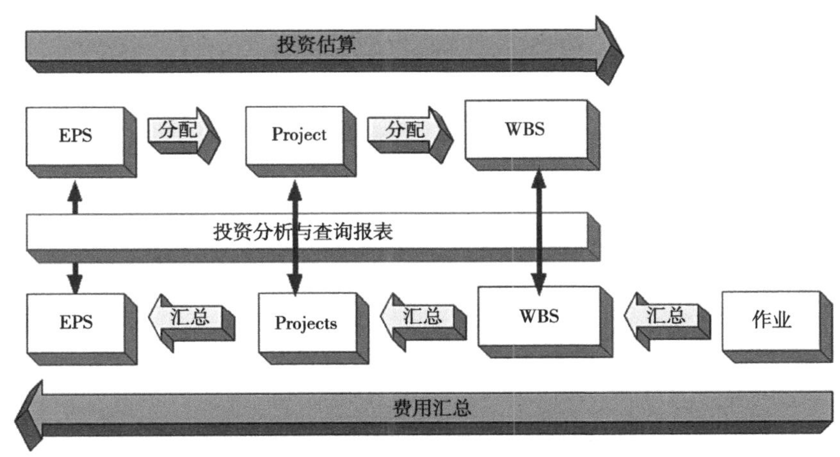

图 2.2-7　概 / 预算控制体系

3）重视施工图纸会审

协助组织设计图纸会审（包括设计交底），可以发现图纸中存在的错、漏、碰、缺等问题，减少设计变更，从而减少由此导致的造价变化。在大型复杂项目中，全咨团队应主动协助建设方进行设计交底、图纸会审程序的组织和管理，并做好其中的信息收集传递工作，积累较为丰富的经验。

（2）投资与造价事中控制措施

在征得建设单位的意见情况下，拿出一套切实可行的工程设计变更审判程序，将工程变更的发生尽量控制在施工之前。过程中控制好估算和预算，保证设计的质量与深度，细化重大投资专项方。协助委托方优选供应商和承包商。根据以往经验，过程中严控设计变更与施工签证，协助做好设计变更和技术核定等工程变更的审查。

（3）投资与造价事后控制措施

工程竣工结算是有效控制工程造价的关键。施工过程中及时协助整理该工程有关的全部图纸、资料、文件，与参建的有关各方核对、确认。工程投资控制除了采用上述措施外，还应结合组织措施、技术措施、管理措施等。

（4）工程结算管理

1）工程结算

工程竣工验收后，总承包单位应按约定的条件向发包人提交工程结算报告及完整的结算资料，综合管理部协助发包人审核。工程结算依据应包括下列内容：

①合同文件；

②竣工图和工程变更文件；

③有关技术资料和材料代用核准资料；

④工程计价文件和工程量清单；

⑤双方确认的有关签证和工程索赔资料。

工程移交应按照规定办理相应的手续，并保持相应的记录。

2）竣工决算

工程竣工决算依据应包括下列内容：

①项目可行性研究报告和有关文件；

②项目总概算书和单项工程综合概算书；

③项目设计文件；

④设计交底和图纸会审资料；

⑤合同文件；

⑥工程竣工结算书；

⑦设计变更文件及经济签证；

⑧设备、材料调价文件及记录；

⑨工程竣工档案资料；

⑩相关项目资料、财务结算及批复文件。

工程竣工决算书应包括下列内容：

①工程竣工财务决算说明书；

②工程竣工财务决算报表；

③工程造价分析表。

3）组织管理

项目总负责人制定项目结算的总体安排，对项目结算进度负责。协调施工、监理、造价咨询和项目组各成员的结算分歧，督促专业工程师和造价工程师及时办理设计变更等结算资料，必要时召集各方协调解决造价分歧。

4. 招标采购管理策划

一般工程项目的采购包括工程类采购（如施工总承包单位、专业分包单位等的采购）、货物类采购（如大宗材料设备等的采购）、服务类采购（如设计单位、造价咨询单位、全过程工程咨询单位、工程检测单位等的采购）。而作为一个大型的文体项目，专业足球场项目的采购工作数量和繁杂程度都将以几何倍数增长，做好工程的招标采购工作，是项目如期开工和交付的又一个关键环节。因此，在详细分析项目特点和建设内容、深入理解建设单位现有招标采购政策的基础上，结合以往大型项目的招标采购经验，项目的招标采购工作可做以下策划：

（1）与建设单位一起共同梳理项目所有可能涉及的采购对象，并将这些采购对象划分为工程类、货物类和服务类。

（2）结合前述项目进度的策划结果，与建设单位、设计单位、造价咨询单位、招标代理等一起合理划分项目的采购包及合同界面（注：属开办费范畴的采购项目由使用单位自行解决）。可大致将采购包划分为地基与基础工程施工总承包（已招标）、足球场主体结构施工总承包（包括地下室及上部结构建安工程、架空层及连廊、各项目室外总体等）、指定专业分包（包括钢结构、玻璃幕墙等）、专业分包（室内装饰、景观绿化、建筑智能化、标识系统）、材料设备包（包括电梯、变配电设备、发电机组、体育场地扩声设备、场地灯具、体育器材等），周边配套视具体情况，纳入相应标段，或单独发包；采购包划分或施工标段划分将结合项目的现场条件、设计图纸、功能分布、项目进度计划等与有关单位协商确定；其中指定专业分包及材料设备包可能存在部分已有的战略合作单位，但均拟纳入主体施工总承包的合同管理范围。

（3）根据国家及地方省市有关招标采购规定，与建设单位、有关行政主管部门等共同确定上述不同采购包的采购方式，如公开招标、邀请招标、竞争性谈判、单一来源采购、已有战略合作抽签等；协助委托人完成项目顾问单位资源库、设计单位资源库、施工单位资源库以及材料品牌库建设。

（4）基于前述建设时序的策划结果及采购包划分情况，拟定各个采购包的采购工作进度计划，确保各项采购进度与设计进度、报批报建进度、施工进度等相匹配。

（5）按照拟定的采购工作进度计划，根据国家及地方省市有关招标采购的政策规定及建设单位的内部制度和流程要求，设计各项采购工作的实施流程，确保各项采购工作都合法合规、推进顺利。

（6）影响大型项目采购工作的风险因素较多，如可能存在部分材料或设备的供货周期较长，部分产品、服务或工程的交付质量与合同要求不符，合同条件存在瑕疵等。因此，在完成前述策划工作后，还可根据项目的实际特点，制定针对招标采购工作的风险应对策略，为项目的招标采购工作保驾护航。

在完成上述策划工作之后，编制项目的招标采购策划报告，并在具体的招标采购工作实施过程中，编制招标采购工作台账和专题报告，在遵守有关保密制度的前提下，让建设单位、使用单位和相关行政主管部门及时了解项目的招标采购进展情况。

5. 合同管理策划

根据项目特点，进行整个项目总体策划，主要包括：工程承发包模式选择、合同类型的选择、招标投标方式的确定、合同条件的拟定、重要合同条款的确定等。

（1）工程承发包模式选择

专业足球场项目具有规模大、建设内容多、资金短期需求量大、建设时间紧迫、协调工作难度大等特点，立足于根据政府财政投资的项目管理情况、资金情况。经过综合评估，确定咨询服务工作按专业发包；设计工作以设计总包发包，专业分包辅助。

施工以施工总包合同为主，专业工程平行发包为辅的工程承发包模式。为此，可以避免施工界面划分不清晰，有利于施工期间的合同管理与协调。

为了有效控制项目的成本和质量，勘察设计、监理、材料设备采购采用平行发包模式。对于专业性较强，如电力工程、体育工艺、智慧场馆等设计及施工工作，采用一体化直接发包模式。

（2）合同类型的选择

合同类型有三种，即固定总价合同、单价合同、成本加酬金合同，分析三种合同种类的特点、适用范围及优缺点。

结合项目的施工条件、施工图设计深度、招标期长短及合同条件的完备情况等。一般情况下，施工合同可采用固定总价合同形式、各材料设备采购合同等采用单价合同；项目可研编制合同、测绘合同、勘察设计合同、监理合同等服务类合同采用固定总价合同。

（3）招标方式的确定

项目招标方式有三种，即公开招标、邀请招标、议标，每种招标方式均有其特点和适用范围。项目除根据《中华人民共和国招标投标法》和地方招标投标管理规定执行外，还应按照建设单位的规定执行。

（4）合同文件管理

合同条件是合同文件最重要的组成部分。通常情况下，由于项目建设时间紧迫，需签订的合同多，合同管理难度大。

针对这些特点，建议尽量采用建设单位较为熟悉的国家合同示范文本标准合同条件，并根据项目的情况，对合同示范文本标准合同条件作局部修改和补充，在合同专用条款内具体约定。

采用合同示范文本标准合同条件，一方面大大降低了合同双方谈判、协商的难度，能在较短的时间内达成共识，另一方面通过对合同示范文本标准合同条件的修改和补充，可以最大限度地实现对项目目标的需要和期望。

在合同总体策划时，重点关注以下重要合同条款进行确定：1）合同的范围；2）合同履约的期限、地点和方式；3）工程的质量标准；4）合同的价款支付办法、支付条件；5）合同价格的调整条件、范围、方法；6）合同关系适用的法律，解决争议的办法、程序、地点；7）合同违约责任及索赔；8）合同中止、终止的条件。

在确定合同范围时，将定义哪些工作包括在合同内，哪些不包括在合同中，同时顾及各个合同之间的范围衔接，避免出现有工作范围没有纳入合同中。

在确定合同工期时，注意合同之间的工期联系，把所有的合同工期纳入到一个统一的、完整的工期体系中统筹安排，使各个合同工期互相兼顾，合理有序。同时注意各个合同执行单位的相互协调，避免出现合同工期“断档”现象。在确定合同违约责任时，需要注明违约事实的认定及违约的处理方法，避免合同履行中无“法”可依。

设立合理支付节点及条件，实现进度付款与现场形象进度匹配。工程进度款的支付，一般按月或里程碑形象节点进行，对上月或在形象节点满足时对已完工程量进行计量支付。节点的设置一般根据总进度计划，将较大的单位工程、单项工程或不同专业工程之间的交接面设为里程碑节点。

工程变更是在施工过程中，由于场地条件变化、设计图纸深度不够、建设单位需求变化、外部影响因素、合同以外不可预见事件以及合同双方当事人的要求等原因，而发生的工程结构形式、质量、等级、数量、工艺顺序及工程进度等方面的变化和变动。

工程变更主要涉及设计变更、现场条件变更和现场签证，是增加工程投资的一个重要因素，也是工程进展过程中难以避免的，稍有不慎会引起投资失控。为此，项目全过程咨询单位将在初步设计阶段及施工图设计阶段，加强对设计文件质量的审核，在施工实施过程中，建立设计人员与现场监理、投资控制方的审核流程，严格控制工程设计变更和现场签证。

项目在前期筹划阶段应尽量在明确建设单位的需求后，将方案设计锁定，方案不得轻易改动，以明确项目定位，避免因方案变化或提升品质等原因导致合同变更发生。

严格控制设计变更，首先应严禁通过设计变更擅自扩大建设规模，提高设计标准，增加建设内容；其次要认真对待必须发生的设计变更，及时核算有关设计变更对投资的设计变更，必须经过设计代表、监理代表和项目部代表共同确认后方可实施。

严格控制现场签证,在做到“随做随签”的同时还应做到：签证内容与实际相符；签证必须量化，记录务必清晰、详尽；坚决杜绝弄虚作假。

有下列情况之一发生时，工程需要办理停工手续：

1）建设单位要求且工程暂停施工。

2）由于出现工程质量问题，必须进行停工处理。

3）由于出现质量或安全隐患，为避免造成工程质量损失或危及人身安全而需要暂停施工。

4）分包单位未经许可擅自施工或拒绝项目监理部管理。

5）发生必须暂停施工的其他情况。

工程暂停及复工管理基本程序如图 2.2–8 所示。

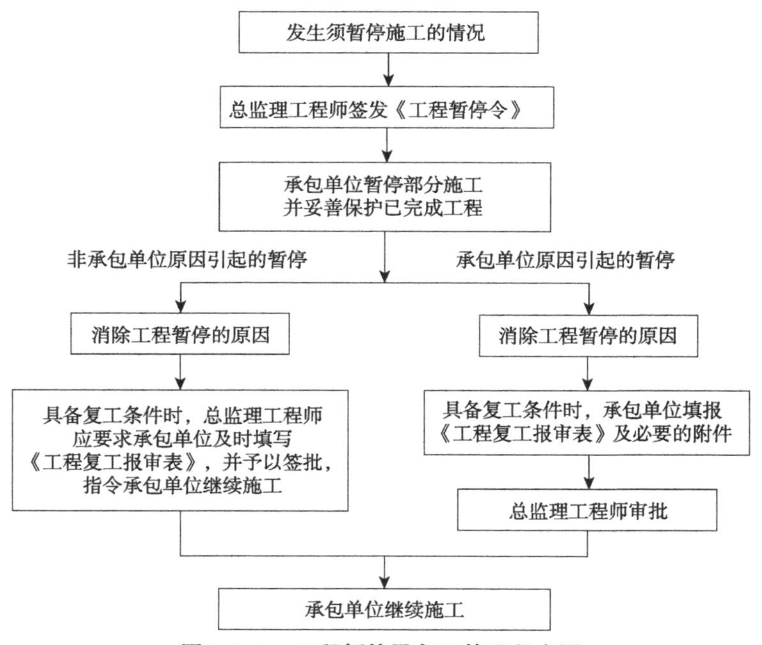

图 2.2–8　工程暂停及复工管理程序图

工程暂停期间，总承包方及分包方应做好已完工程成品保护工作，同时对现场设备、材料采取必要的防护措施，避免在停工期间因管理不善造成不必要的损失或损害。停工期间除特殊外部原因造成的损失均应由责任单位自己负责。

6. 安全管理策划

由于专业足球场项目建设规模大，建设周期长，参建单位及人员众多，技术难点及安全风险因素较多，而不同参建单位（尤其是施工单位）的安全文明施工管理能力和水平又参差不齐，这给项目的平稳推进增加了不确定性，因此，为了在确保安全的前提下使项目能如期竣工和交付，应对项目的安全文明施工管理进行统一策划。

（1）以风险理念贯穿整个项目的安全文明施工管理，以提升整体安全文明施工管理水平。

项目全过程咨询团队可采用全过程全方位的安全风险管理模式，提升安全文明施工管理水平：

对工程建设的一般风险、重大危险源、施工界面风险等事先进行全面分析与识别，制定相应的预控措施；

对各参建单位（尤其是施工总承包单位）的管理风险进行分析，通过制度保证各单位的合同履行情况，以达到制约管理风险、降低工程风险的目的。

（2）制定整个项目统一的安全文明施工管理标准化体系，落实安全文明施工管理措施。

项目全过程咨询团队可结合项目的实际情况制定《项目安全生产管理办法》《项目安全文明施工管理手册》等多项安全文明施工管理制度（包括但不限于以下内容），通过建章立制，落实各项安全文明施工管理工作。

1）安全生产管理办法；

2）安全文明施工管理手册；

3）关键风险节点安全管理制度；

4）地质灾害安全管理制度；

5）恶劣天气安全管理制度；

6）工地管线保护管理规定；

7）工地交通安全管理规定；

8）工地施工噪声管理规定。

（3）在安全文明施工管理的组织机构设置及管理职责划分方面，实行总体部署、分标段落实的网格化管理方式。

1）将项目区域按照一定的标准划分为标段单元网络，通过加强单元网络的控制，进而实现各部门间的有效管理。其优势是能够明晰不同单位 / 部门对各单元的职责和权限，将被动、分散的管理转变为主动、系统的管理。

2）安全文明施工管理的网格化，就是把施工作业区划分成几个区域，然后分派专职人员进行针对性的安全文明施工管理。指派在该施工区域的分包及总包单位的专职安全员协助工程咨询管理单位的安全员做好该区域的安全文明施工管理工作，这样就自下而上地形成了整个施工区域的网络化安全文明施工管理。

（4）制定高风险事件的应急预案，并定期组织演练。

为有效地降低风险事件发生而产生的影响，在施工前期，需根据施工中可能出现的风险编制相应的安全应急预案，并成立相应的应急小组，定期组织应急预案的演练，以保障工程建设的顺利进行。拟编制的主要应急预案有：

1）深基坑坍塌应急处理与救援预案；

2）高空坠落事故应急处理与救援预案；

3）触电事故应急处理与救援预案；

4）中毒事故应急处理与救援预案；

5）重大环境污染事故应急处理与救援预案；

6）地质灾害事故应急处理与救援预案；

7）台风事故应急处理与救援预案，等等。

（5）定期检查，提高安全防范意识和安全文明施工管理水平。

全过程工程咨询团队应组织各参建单位学习现有的安全文明施工规章制度，并加强教育与培训。同时，会同有关政府部门和参建单位定期组织开展有针对性的安全生产大检查活动，通过安全大检查，有针对性地制定更为详细的安全文明施工管理规范，不断改进安全文明施工管理工作：

1）建设单位或项目全过程咨询单位组织各标段范围内的安全文明施工综合检查；

2）不同施工标段项目的安全文明施工交叉检查；

3）各标段之间的安全文明施工管理现场观摩，等等。

（6）加强安全文明施工教育培训与考核，提高安全文明施工能力水平。

安全文明施工教育和培训的重点是管理人员的安全生产意识和安全文明施工管理水平及施工操作人员的遵章守纪、自我保护和事故防范能力。在施工过程中，坚持未经过安全生产培训的人员不得上岗作业。根据项目的特点，全咨团队将重点从施工管理人员的安全专业技能、岗位安全技术操作规程、施工现场安全文明施工规章制度、特种作业人员的安全技术操作规程等方面加强教育和培训工作。

（7）建立安全风险金抵押制度等安全奖惩制度，以经济手段保障施工安全。

将相关的安全文明施工奖惩制度列入施工单位的招标文件及合同内，并根据每个月的安全文明施工情况确定奖罚金额，与施工单位的进度款支付直接挂钩；针对施工管理人员及工人的安全风险抵押金，制订专门的管理办法。

7. 质量管理策划

由于参建单位和施工人员众多且水平参差不齐，很容易因为某个环节的管理不善而造成质量缺陷甚至事故的发生。因此，加强质量管理是保证项目建设品质的重中之重。在详细分析项目特点、建设目标、建设内容和使用功能的基础上，可对项目质量管理做以下策划：

（1）在确立基础质量目标的前提下，根据各标段的使用功能要求制定质量分目标。

质量目标的确立为各参建单位提供了其在质量方面关注的焦点和工作的重点，同时，质量目标对提高产品质量、改进作业效果有重要的作用。可先依据法律法规、质量规范（含各类施工技术指引等）、工程惯例等制定通用的基础质量目标，如工程质量一次验收合格率 100%；再根据各标段的功能要求、结构特点等，有针对性地制定质量分目标。

（2）建设单位和全过程工程咨询公司制定全过程质量管理制度和流程，以指导各参建单位建立完整的质量管理体系。

工程产品质量的形成始终伴随着项目建设的全过程，而且由于专业足球场工程项目施工技术难度大、参建单位多，如果没有统一的、严谨的质量管理制度和流程去管控各参建单位全过程的建设质量，将很有可能造成建设过程中质量管理的混乱。

1）全过程质量管理总体方式，如图 2.2-9 所示。

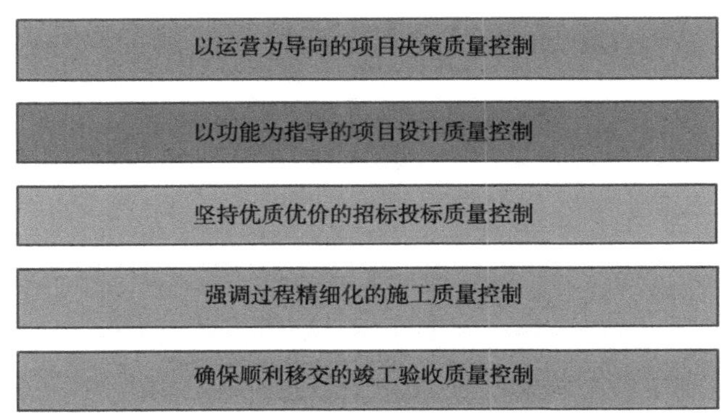

图 2.2-9　全过程质量管理总体方式

2）全过程质量管理制度及流程：根据项目各阶段的特点和重点，与建设单位共同制定针对不同阶段的质量管理制度，如：

①培训及考试制度：对参建单位管理人员进行技能和管理制度等的培训和考试；

②材料品牌报审制度：控制材料品牌的使用范围（一方面利用既有的战略合作单位及材料设备品牌库；另一方面对非品牌库中的大宗材料设备进行考察，并经建设单位同意后纳入施工招标文件），以督促施工单位使用质量可靠的优质品牌材料和设备；

③材料封样制度：将材料样品封存，如对现场材料有争议时可取出对比；

④样板引路及联合验收制度：对较为复杂或重要的工序 / 工艺实行样板引路，并通过对样板的联合验收让参建各方一目了然地理解现场施工质量标准；

⑤质量审计制度：通过内部质量审计查明各参建单位质量管理的不足之处，并督促其及时改进；

⑥缺陷整改销项制度：对质量缺陷进行持续跟踪，督促施工单位及时整改销项；

⑦质量事故报告制度：针对质量事故的处理制度等。

（3）指导并督促各参建单位建立多道设防的质量管理组织机构。

指导并要求各参建单位安排专职质量管理人员成立专门的质量管理机构，并要求各参建单位质量管理部门同样指导并督促下属的专业分包单位或工作班组建立专门的质量检查小组，以形成多道设防的质量管理组织机构，达到人人管质量、人人保质量的目标。

（4）运用质量管理工具及相关信息化软件提高质量管理水平。

专业足球场工程项目工作内容相对较复杂，常常会由于信息量很大或质量问题较分散等原因，造成质量问题记录凌乱且处理不及时，从而无法让建设单位及时获得准确的质量信息。因此，在项目建设期间，全咨团队可运用质量管理的常用工具（如直方图、排列图、检查表等），对现场质量状况进行记录、分析和反馈。同时，还可以建议建设单位使用其他专业管理软件（如 BIM360 等）辅助质量管理，以达到事半功倍的效果。

（5）开展质量管理执行效果的交叉检查和评比，并依据检查反馈改进质量管理制度。

对于专业足球场工程项目建设过程中质量管理制度、程序、体系运行等的执行效果，管理团队可制订专门的检查表格，定期或不定期组织各施工标段进行交叉检查，并将检查记录汇总，编制质量管理执行效果运行检查报告。同时，还可以定期对各项目或施工标段的现场质量管理情况进行考核评比，对表现较好的参建单位进行表彰，对表现较差的单位进行处罚，并要求其提交改善方案，经审批后实施现场整改，然后再进行核查。

8. 项目验收及移交策划

专业足球场项目是典型大型文体项目，要根据项目整体的竣工、移交及试运行时间来安排每个施工标段的验收和移交（还须预留工艺设备的安装及调试时间）。基于以上实际需要，全咨团队可安排有关专业团队提前介入每个施工标段的专项验收，并着眼于各标段及整体的移交及试运行，固有必要针对项目的验收和移交问题做统一的策划。

（1）按施工标段定制项目验收及移交的组织架构，组织专业团队提前介入，确定验收及移交工作的职责分工及沟通协调（会议、报告等）机制，从组织和制度上保证验收及移交工作的顺利开展。其中，组织架构及专业团队方面，因项目专项验收涉及的政府部门与前期报批报建基本相同，故首先应将前期报批报建团队的相关专业人员纳入项目验收及移交团队，再将每个施工标段的各参建单位（包括建设单位、项目管理单位、施工总包单位等）的项目负责人组成相应标段的验收及移交领导小组，并由建设单位或项目管理单位的项目负责人担任各小组的组长，全面负责该施工标段的验收及移交工作。

（2）梳理项目各施工标段可能涉及的所有验收及移交工作内容及相关政府部门和使用单位的要求，并将这些内容进行分类，总体上分为政府部门要求的工作和非政府部门要求的工作，其中政府部门要求的工作主要由负责前期报批报建的专业团队来实际完成；而非政府部门要求的工作则主要是项目移交方面的工作要求，包括但不限于实体移交、使用功能培训、备品备件、合同关闭及结算、项目信息移交、参建单位综合评价等，这部分工作将在与最终用户充分沟通的基础上，理解他们的移交需求，并由项目的验收及移交领导小组共同制定针对性的移交工作方案。

1）项目竣工验收工作内容

①根据建设单位及使用单位要求，制定验收计划，并严格按照验收计划进行验收工作；

②对工程进行实物质量测试，确保实物质量满足相关施工规范及使用要求；

③组织相关第三方检测机构进行验收，并对验收不通过的进行整改直至通过检测，如：消防检测、室内环境检测等；

④组织项目内部相关参建单位进行预验收，并对预验收中发现的质量问题进行整改，为正式验收工作做准备；

⑤向前期报建报批阶段各审批单位提出专项验收申请，组织各参建单位参与各专项验收，包括但不限于：消防验收、人防验收、绿化验收、环保验收、规划验收等。

2）项目移交工作内容

①根据建设单位及使用单位的进度计划安排将完成后建筑实体移交至使用单位，供其开始进行使用开办准备；

②按照档案管理机构对资料进行整理，并准备专门的施工资料留档，后移交至使用单位，为后续可能进行的修缮、改建、维护等留下一手资料；

③组织安排设备、材料、系统的供应商、施工单位，对使用单位及物业单位进行现场指导和培训；

④组织编制《项目使用维护手册》，确保运营和维护团队正确使用各类专业系统和设备，全面了解装饰、维修和使用的注意事项，确保建筑结构、设施的使用安全；

⑤根据前期施工过程中预留的备品备件实际情况，协助使用单位准备备品备件材料和清单，为后续运营维护提供保障。

（3）基于上述完整且已分类的验收及移交工作内容，根据相关政府规定及建设单位、使用单位的内部要求，将专业足球场工程项目所有的验收及移交工作按施工标段绘制成逻辑关系准确的工作流程图，确保每个施工标段都有内容完整且流程清晰的验收及移交工作。

考虑到项目的体量，根据我们以往经验判断，图 2.2-10 展示了对单体进行验收的程序。

（4）根据各施工标段的总进度计划及上述验收及移交工作流程图，拟定各施工标段验收及移交的进度计划。由于专业足球场项目为大型工程项目，由多个单体组成，考虑施工进度安排、场地条件，可划分多个标段实施，不同的标段可能有不同的入驻与使用进度计划，因此项目全过程咨询团队将与使用单位进行充分沟通，并将该进度计划落实到每个标段，最后用专业的项目管理软件（MS Project 或 P6）将每个施工标段的验收及移交工作编制成专项进度计划。

（5）分析项目每个施工标段验收及移交的关键线路（或关键工作）、可能存在的难点或风险，并建立相应的反馈及预警机制，为实现既定的验收及移交进度计划保驾护航。

（6）将上述组织架构及人员、职责分工、沟通协调机制、工作内容及相关要求、工作流程、进度计划、难点或风险、反馈及预警机制等内容汇编成项目的验收及移交工作手册，作为项目该项工作的系统指南。

项目全部过程竣工验收完成后，组织一系列级别较低的正式比赛，用于检验工程

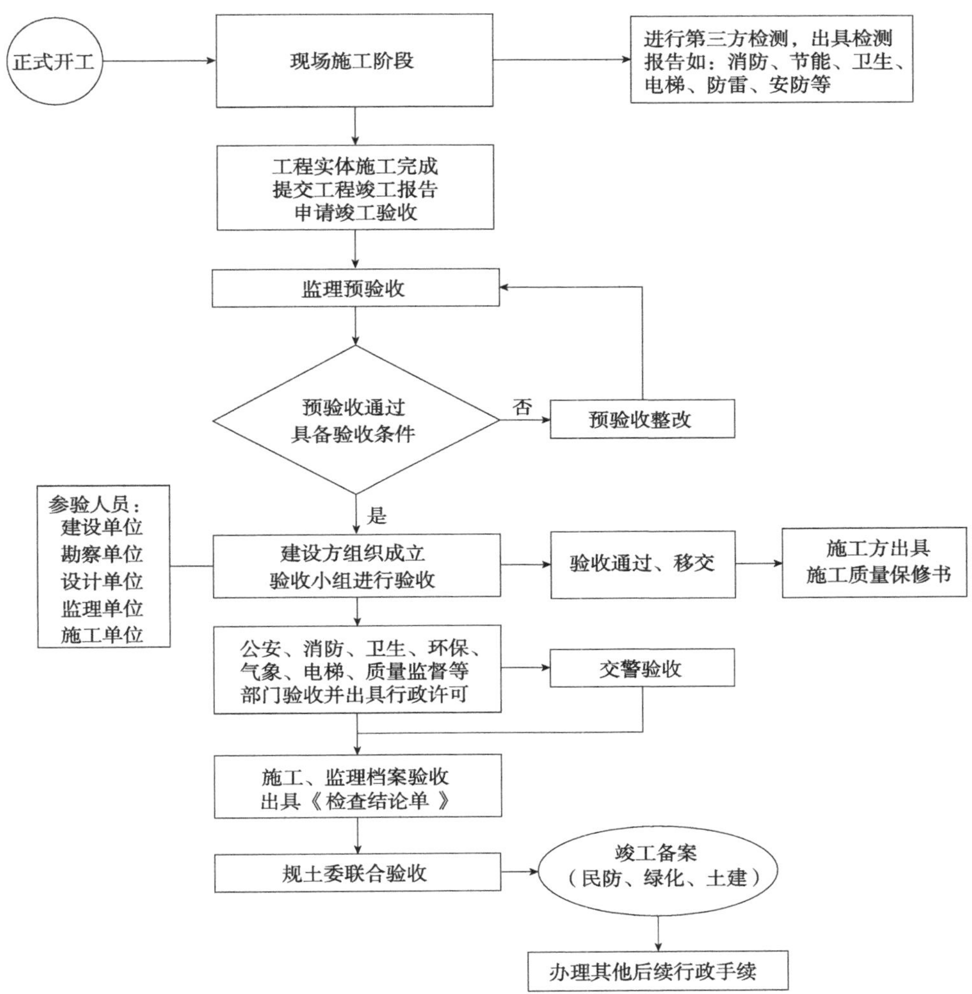

图 2.2–10　对单体进行验收的程序

实体质量情况。重点应关注运营各系统的使用情况，包括设备管理系统（建筑设备监控、火灾自动报警、安全技术防范、设备集成管理）、信息设施系统（综合布线、语音通信、信息网络、有线电视、公共广播、电子会议）、专用设施系统（信息显示与控制、场地扩声、场地照明控制、计时计分、技术统计、现场影像、售检票、电视转播、标准时钟、升旗、比赛设备集成）、信息应用系统（信息查询与发布、赛事综合管理、公共安全应急、场馆运营管理）及机房工程等。

第3章

专业足球场招标采购阶段咨询

3.1 招标采购阶段目标

专业足球场一般都具有建设规模大、系统多且复杂、体育工艺要求高等特点。在招标采购阶段涉及的招标采购工作范围包括：勘察设计、工程检测、基坑监测、体育工艺顾问、绿建咨询等服务类项目；施工总承包、专业分包（体育工艺）等工程类项目以及甲供材料、设备（建筑设备、专业设备）等货物类项目的采购招标。

招标采购工作的目标是依据编制的采购计划和设计任务书，通过合理、合法的采购渠道，采用价格优选、性价比、品质优劣等比较，得到招标采购对象，从而确保项目成本目标、质量目标、进度目标的实现。

3.1.1 服务类项目招标工作目标

（1）明确权责划分，保证各服务单位权责清晰。

（2）完成场馆委托运营顾问、体育工艺顾问、交通顾问、绿建顾问等的采购，与整体项目采购节点匹配。

（3）设置合理的业绩及资质要求，确定择优条款，确保中标单位有为本类型项目提供优质服务的能力。

（4）确保服务单位的成果文件符合项目施工、管理以及验收的要求。

3.1.2　工程类项目招标工作目标

（1）招标界面清晰，甲乙方权责明确，变更风险较少。

（2）根据施工总包、专业分包的特点，各标段招标规模划分相当，各参建方实施范围明确。

（3）明确总分包施工阶段的节点目标（形象进度里程碑节点），设置质量、进度罚款，约定履约评价条件。

（4）根据招标内容，设置合理的业绩及资质要求，择优选取有能力的施工承包单位。

（5）保证各项招标施工界面清晰，不出现缺项漏项。

（6）专业分包、独立分包及时发包，如智慧场馆系统、体育工艺、机电安装、幕墙、消防、建筑智能化系统。

（7）保证各项招标的合法合规性，确保不出现廉政建设问题。

3.1.3　货物类项目招标工作目标

（1）结合施工现场的进度，及时启动并完成内部流程，及时完成甲供类货物的采购确保满足施工现场要求。

（2）供货施工类项目，如防水工程、电梯、电力设备（高低压配电、变压器）、厨房设备、体育音响扩声设备、场地灯光灯具、电子计分显示屏、观众座椅、体育器材等设备，须满足项目建设要求，并确保与现场施工进度及总承包的现场设施动态相配。

（3）货物采购应以项目的需求为导向，准确界定工程设备的档次及品牌，避免不同专业之间（如土建预埋与机电管道之间，钢构与屋面、幕墙之间，钢构和马道与机电管线、灯具、扩声设备之间连接件）的冲突与返工，保证项目所需资源适时适量的供应。

（4）提供采购工作汇总文件（含产品操作、维修说明书等），便于建设单位后续的管理。

3.1.4　经济指标审核目标

（1）在可研报审阶段，应横向对比类似体育馆项目的造价指标，确保可研批复的造价水平有利于下一阶段的设计推进、概算申报及招标工作。

（2）在概算申报阶段，横向对比类似体育馆项目的单方造价指标，并审核设计单位编制的计价文件，确保概算批复的造价水平有利于下一阶段的施工招标工作。

（3）建立标准化的工程量清单编审流程，将图纸的内容、技术规范的要求与清单的内容一一对应，做到清单无漏项、重复或错误。

（4）完成对第三方造价咨询单位编制的工程量清单、标底、上限价等经济技术指标的审核。

3.2 招标采购阶段工作内容

3.2.1 招标采购工作策划

在详细分析专业足球场项目特点和建设内容，并深入理解现行招标采购政策的基础上，对专业足球场项目的招标采购工作做以下工作策划：

（1）在项目策划阶段应组织各相关参建单位梳理项目涉及的采购对象，并对这些采购对象进行分类，一般可分为工程类、货物类和服务类。根据国家、省市有关招标采购规定，与有关行政主管部门等共同确定不同工程采购包的采购方式，如公开招标、邀请招标、竞争性谈判、单一来源采购等。

（2）根据项目总进度计划的要求，与设计单位、造价咨询单位、招标代理等一起合理划分专业足球场项目的采购包及合同界面。工程采购包的划分或施工标段划分将结合项目的现场条件、设计图纸、功能分布、项目进度计划等与有关单位共同协商确定。

（3）服务类的采购项目重点围绕专业足球场智能化服务、运营专业咨询、体育工艺咨询等类供应商开展，避免功能反复造成返工。

（4）货物类的采购要充分考虑专业足球场智能化系统和设备（如建设设备监控系统、综合安防系统、智能化设备专用机房、网络信息系统、公共广播系统、语音通信系统、屏幕显示及控制系统、场地扩声系统、场地灯光及控制系统、计时计分及现场成绩处理系统、现场影像采集及回放系统、售验票系统、电视转播及现场评论系统、标准时钟系统、比赛中央监控系统等）的采购与建筑设备的关联度，提早对接，及时准备，避免招标滞后带来的遗漏和不足。

3.2.2 招标文件编制

根据《中华人民共和国招标投标法》（以下简称招标投标法）制定的《中华人民共和国招标投标法实施条例》第十九条规定：招标人应当根据招标项目的特点和需要编制招标文件。招标文件应当包括招标项目的技术要求、对投标人资格审查的标准、投标报价要求和评标标准等所有实质性要求和条件以及拟签订合同的主要条款。

该规定表明招标文件是招标投标活动中最重要的法律文件，它不仅规定了完整的招标程序，而且还提出了各项具体的技术标准和交易条件，规定了拟订立的合同的主要内容，是投标人准备投标文件和参加投标的依据，评审委员会评标的依据，也是拟订合同的基础。所以对于专业足球场的招标文件应分为以下专业类别：勘察设计、测量、总包、监理、基坑监测、桩基检测、钢结构、屋面结构、人防、防雷验收检测以及卫生、防汛、后续档案编制等各项服务。一份完整的专业足球场招标文件应包括以下内容：

（1）标段、招标编号、招标人、招标代理机构（若有）、招标代理机构资质证书编号、编制人员、审核人员、核稿人等。

（2）招标公告、投标须知、服务要求、评标办法、服务合同和附件等。除此之外，招标人在招标期间发出的其他正式文件和函件，均是招标文件的有效组成部分。

（3）结合专业足球场的项目特点，在参照公共体育场馆建设的国家、地方法律、规范的基础上涵盖详尽的技术要求和特殊要求，如防火、防震、防渗、保温、自控等。另外招标文件的编写质量关系到投资控制目标的实现及后期变更、索赔的风险，加强对招标文件的审核把关。主要审核内容如下：

1）专业足球场的招标范围是否明确，是否存在擅自扩大范围或缩小范围的情况。

2）专业足球场的标段划分是否科学合理。

3）投标人和项目经理、主要负责人的资质、业绩等的要求，是否符合专业足球场项目本身的特点，是否有承接过此类项目的经验。

4）投标截止时间是否存在自招标文件开始发出之日起至投标人提交投标文件截止之日止少于二十日，是否存在因投标文件制作时间不足，投标人考虑问题不全面，导致不能顺利履行合同，引起工程造价纠纷等情况。

5）评标委员会的组成是否由招标人的代表和有关足球场建设方面的技术、经济专家组成，人数是否为五人以上单数，其中有关足球场建设方面的技术、经济专家是否为成员总数的三分之二。

6）专用条款中是否针对专业足球场项目的特点进行设置，如合同价款的支付方式、合同价款的调整方法、合同双方的权责利益分配。

7）招标工程量清单编制内容，是否严格按照招标文件规定的工程量清单计价规范和相关依据进行编制，招标图纸的内容是否完全反映到清单中，有无漏项、缺项的情况。

8）评标办法中对专业足球场施工组织设计、项目管理机构设置、投标报价、企业业绩等评分因素设置和分值设置是否科学合理。

9）招标人名称、专业足球场的名称、地点、规模、地质地貌、气候条件、现场情况、结构类型、球场形式、层数、主要建筑内容、对周边环境要求、设计标准、建设前期准备情况和地质资料等。

10）投标人的资质一般在发招标公告和资格预审公告时明确规定，未进行资格预审的招标项目在招标文件中还应注明对投标人投标资格的要求和资格审查的程序及方式，值得注意的是其中各专业分包的资质审查，从资格预审到招标投标都应提前将分包的内容明确，将范围划分好，并将对分包人的资格要求提前在资审时审查清楚。

11）投标人资格的审查和资质等级的要求应根据专业足球场的规模、结构形式、复杂难易程度、工期、工程质量的要求审定。

12）招标文件中的各项服务内容包括材料设备的供应均需写明名称、规格、型号、数量、单价、总价、材料差价、供货时间、供货方式、运送地点等，并约定运输和保管费用，划分好责任范围。

13）需要约定违约索赔的内容包括：各种原因造成的工期延误；使用不合格材料、设备造成工程拆除；缺陷修复；发包人工程款的延误支付；双方原因造成的违约终止或而后复工造成的费用等。违约索赔应分清发包人、承包人双方责任，不能只规定承包人而免去发包人的责任。赔付条款应在专用条款中写明具体额度、扣除方式和顺延工期天数等内容。

3.2.3 招标投资控制

专业足球场招标采购的成本管理作为招标采购管理的关键构成部分，是迅速高效达成工程项目管控目标的有效方式。

1. 制定合适的招标采购成本管理方案

首先相关的工作人员需要编撰好招标文件。通常来说，工程招标文件架构、计价机制运用的是估算师合约架构模式，这就需要招标方案的规划图纸、技术标准以及细则保持系统而精细，更深层次地契合招标的标准，每一个项目工作界面明晰，岗位职责分配得当，项目管控条例明确，管控、配合界面不容易混淆，清单估算精准、商务协议条件严密且可执行性强等，同时要因地制宜地选取采购的手段、投标公司的性质、数值，业主的价值导向，最终才能够很好地制定出具有针对性的评标办法。上述工作通常都是由三个部门共同来协作完成，由成本采购部门统筹完毕后，再尽快地予以集中性地评审、审核通过后进行定稿，由此来确保招标文件品质和降低后期的风险。其次，施工招标采购策划。通常来说，运用施工总承包的招标采购模式，根据合同架构可以划分成施工总承包、机电总承包、独立承包商三种，其各自和业主签署协议，不过统一由施工总承包管控与协商、同时提供现场基础与管控。其他专业项目分包根据专业属性的差异性不同，各自和建筑项目施工总承包以及机电的整体承包主题签署相关的协议，保证后期成本管理。

2. 选择招标采购计划和方式

招标采购部门需要按照工程的总控规划节点标准，综合项目采购工序的周期安排，布局好契合总控计划节点的招标采购总体规划，在此条件之下，撰写好年度招标采购规划目标，在每一个采购任务着手的过程之中，再撰写好详尽的专项采购规划，实施期间，相关的工作人员逐步地强化计划的实时监测与跟踪，安排专门的工作人员进行跟进把关，由此确保项目计划目标的顺利实现。另外根据招标采购项目的属性、标的总体数值、潜在供应商状况、外部的市场行情等元素，通常来说，招标采购方式可以被划定成邀请招标、议标、咨询价格等方式，各自的采购方式会带来不同的成本，所以要明确招标采购的计划和方式。

3. 谨慎地筛选供应商

招标采购部门需要谨慎地确定供应商的选择方式。对于足球场采购主体而言，要按照其构建的现实要求，运用公开招标采购的手段，运用供应商间的良性竞争来减小原材料最终的购入成本，在确保货物品质的基础之上，以物料的最低的售价和供应商签署相关的合同。具体来说，一方面，相关的工作人员要尽可能大范围地搜集资料，谨慎地预审和利用实地考察的方式，保证入围的供应商的整体实力、业务能力都过关，另一方面，足球场业主方还需要让入围的供应商形成一个良性的竞争关系，只有通过市场全面而公正的竞争机制，业主才可以筛选出最优的合作对象。第二，在招标投标期间，做好相应组织管理工作。相关的负责人要谨慎地根据公司的采购体系以及有关工序的规定，对发标、回标、开标、商务技术说明、工程队伍答辩、标书解析等多处流程进行合理地推进，予以谨慎有序地组织，根据审核通过的评标条例或评定分离的评标手段，召集专业人士进行评定，最终明确中标的最佳单位以及一些备选单位。

3.3 招标采购阶段工作方法

3.3.1 招标采购管理

招标采购管理是专业足球场全过程工程咨询中的重要环节，为保证工程的进度、质量、安全，有效控制工程造价提供了坚实的基础。对于专业足球场的招标采购管理可分为资源管理、计划管理、技术质量管理、成本管理、范围管理。

1. 资源管理

专业足球场全过程咨询中招标采购的资源管理包括对参与投标单位（如勘察、设计、代建、监理、施工总承包、各专业分包、分部分项工程投标单位、基坑监测、材料检测、节能检测、各专业咨询单位等）及其服务、建设专业足球场所需设备及材料的品牌、规格、数量、价格等参数、项目各层级间人际资源、技术方面的汇总管理。

对于投标单位，招标单位通过对其资质及配备的人员资质进行审查，对于采购设备，通过了解市场行情和专项调研供货单位来确定其公司产品对于工程项目的适用性以及是否符合建设单位的标准，并建立品牌数据库供后续筛选。当确定供方单位后，还需要对专业足球场的投标资料、投标样板、中标候选人技术标书中的施工组织设计及技术方案，中标候选人商务标书中的清单分项及投标报价均进行分类系统性存档管理。并对提供的投标产品或服务建立评审机制，例如不合格、合格、优秀等等级。另外根据采购标的对项目进度、成本、质量影响程度、工艺方面的重要程度、制造难易程度等进行划分。尤其是对一些特殊的材料、单独定制的设备、装置以及需从国外采购的标的应给予重点关注。例如足球场草坪技术、屋面膜结构等。

对于特殊设备，应在采购之前，明确型号、规格、性能参数，结合主体进度及采购计划，进行项目范围内的统一采购，可以节约大量采购成本和谈判成本，选择有实力的供应商，同时便于后期统一维护以及管理。这需要深入考察当地的市场供应情况，采用公开招标、邀请招标或单一来源方式进行招标。

最后招采部门、各单位项目现场管理人员之间需要协调组织配合，从而做到信息互通、资源互补。

2. 计划管理

专业足球场的计划管理可采取多层次、全方面的多级管理模式，包含项目发展计划、运作实施计划和工程进度计划。其中项目发展计划为总纲领，运作实施计划起到控制的作用，具体实施作用由工程进度计划来实施与比对。

科学的采购规划方案能够确保每次项目的采购均能够满足业主对项目工期及施工质量的要求，在专业足球场立项后即可启动招标工作，首先招标合约部需确定招标采购管理实施细则，编制招标采购工作的总控计划，基于上述原则结合项目特点，进行合同结构分解，选择恰当的合同模式及招标方案，同时明确采购目标和采购原则，制定关键节点的工程招标及采购计划（包括勘察、设计、施工、咨询、监理及材料、设备的采购等），确定招标方式、招标时间、标段划分等内容，并将计划与实际进度进行比对、更新。

在项目实施过程中，围绕招标采购管理计划项目管理公司可针对具体的招标任务不断改进和更新采购计划、单项采购计划（包括供货计划、运输计划等）多级计划从而系统地指导采购工作。

3. 技术质量管理

对于投标的技术文件（技术标）需要集中进行管理，大致分为材料设备、工程服务等。材料设备应包括主要技术性能描述、技术规格偏离表、产品检测报告、产品图片、质量保修及售后服务承诺、合理化建议等。工程服务应包含各项设计和服务内容（如卫生学评价、检测、环保检测、防汛论证服务等），其中空调及通风工程、给水排水工程投标文件还需要包含设计成果和计算书。在此基础上需搭建合理的招标技术管理平台，将大量有专业足球场建设经验的各专业技术人员整合，协调招标部门与技术人员的沟通，使各专业技术人员配合招标部门对招标文件的提资进行补充或给出建议。另外招标过程中需要将技术与市场结合，如新材料、新工艺等，这些都需要专业技术人员对其适用性进行判断，并且要求使用上述技术、产品需满足项目的整体定位。

对于招标质量管理而言，招标单位根据招标文件，在专业足球场建设规模大、工期紧的情况下，需要立即着手编制切实可行的、合理的全过程招标计划，拟定前期各专业咨询招标时间，专业工程、甲供专业设备及材料的招标文件编制时间、技术文件定稿时间、上网公告及开标时间。综上所述，成熟的招标单位应具备以下一系列能力来确保招标质量：

（1）根据总进度目标，编制合理的招标计划；

（2）提供符合国家、行业及现行当地建设法规的标准招标文件；

（3）选择合理的评标办法及标准；

（4）确定合格投标人的资质等级及条件、历史业绩及类似工程经验；

（5）提供专业的合同包规划意见；

（6）快速、准确进行施工图预算，提供招标工程量清单；

（7）配合项目管理公司，组织招标专题会议，收集意见形成正式稿；

（8）根据招标计划，结合施工进度，适时启动消防、绿化、弱电、暖通、设备安装等暂估价项目的招标。

4. 范围管理

由于专业足球场专业工程项目众多，每个单体涉及大量专业分包，涉及交叉施工和界面管理。可能涉及的专业工程包括：体育工艺专业工程、空调及通风工程、给水排水工程、强弱电工程、消防工程、人防工程、电梯工程、高低压变配电工程、发电机组与环保工程、装饰装修工程、绿化及园林景观工程等。当专业工程交叉施工过多必然增加业主、监理及总承包人的协调工作量，界面较多会诱发施工工序的改变和设计变更，导致费用超支和索赔。

专业工程招标合同包的划分，应考虑相关专业的关联度，并与专业承包人的资质相结合。在招标总承包人的时候，应考虑其资质等级、范围是否涵盖部分专业工程，如果总承包人具备相应的资质及能力，并有意愿参与专业工程的投标，可编制招标文件以减少一定的协调和管理工作量。

专业工程分包招标的管理，应考虑以下几个方面：

（1）总包施工现状的条件及状态（形象进度、基础条件）；

（2）总包能够提供的协调及配合范围（如临时水、电、脚手架、办公设施等）；

（3）与其他专业分包工程的界面条件。

3.3.2 工程量清单编制审核

《建设工程工程量清单计价规范》规定："工程量清单应由具有编制招标文件能力的招标人，或受其委托具有相应资质的中介机构进行编制"。说明工程量清单是由有相应资质的招标人进行编制，并且工程量清单是招标文件中的重要组成部分，是工程量清单将要求投标人完成的工程项目及其相应工程实体数量全部列出，为投标人提供拟建工程的基本内容、实体数量和质量要求等信息。工程量清单是建设工程计价的依据，也是工程付款和结算的依据。其主要内容包括：分部分项工程量清单、措施项目清单和其他项目清单。

（1）对于专业足球场，分部分项工程量清单是表明其全部分项实体工程名称和相应数量的清单。分项实体工程包括地基与基础工程（混凝土基础、钢结构、砌体、地下防水、混凝土结构等）、主体结构（砌体结构、钢结构）、装饰装修工程（地面、吊顶、抹灰、幕墙等）、屋面工程（卷材防水等）、给水排水及采暖工程（雨水回收、污水、室内给水、排水、热水、采暖系统、绿化和草皮灌溉系统等）、电气工程（电气动力和电气照明、防雷接地工程等）、智能弱电（火灾报警、通信网络、综合布线系统等）、通风空调工程（送排风系统、防排烟系统、空调水、风系统等）、电梯工程、节能工程。值得注意的是分部分项工程量清单的编制，首先要实行四统一的原则，即统一项目编码、统一项目名称、统一计量单位、统一工程量计算规则。在四统一的前提下编制清单项目。

（2）措施项目清单有通用项目清单和专业项目清单。通用项目清单主要有安全文明施工、临时设施、二次搬运、模板及脚手架等。专业项目清单根据各专业的要求列项。

（3）其他项目清单主要有预留金、材料购置费、总承包服务费和零星工作服务费四项清单。

（4）提供统一的表格样式、清单封面、填表须知、清单总说明等，其中清单总说明包括工程概况、工程招标和分包范围、工程量清单编制依据、工程质量、材料、施工等方面的特殊要求、招标人自行采购的材料名称、规格、数量、预留金及自行采购材料的金额数量、其他项目清单中招标人部分的金额数量。

招标工程量清单的审核需要与技术资料相结合，审核清单子目是否有遗漏；主要工程量是否与类似工程指标相符；项目特征、工作内容描述与招标图纸是否吻合；主要材料设备的规格、品牌一览表是否详尽；总体措施费的子目罗列是否全面等，切勿遗漏“投标单位自行增加措施项目”子目，以便费用包干。其具体分类包括：

（1）清单子目审查：编码易错项；项目特征易错项；其他遗漏项；

（2）措施项目审查：明确费用项；划分费用方；

（3）其他项目清单审查：暂列金额要求；争议费用项；划分费用方；

（4）规费项目清单审查：明确费用项；

（5）设备材料表审查：甲供物资审查；乙供物资审查；

（6）工程总说明审查：上述必填项。

3.3.3　招标控制价审核

招标控制价是指招标人根据国家或省级、行业建设主管部门颁发的有关计价依据和办法，以及拟定的招标文件和招标工程量清单，结合工程具体情况编制的招标工程的最高投标限价。国有资金投资的工程建设项目应实行工程量清单招标，并应编制招标控制价。专业足球场也应当遵循这一思路，因为它的招标控制价关乎投标报价的高低，极大地影响其实际造价，所以需要进行严格的审查。招标控制价的审核可根据审查完成的初步设计技术文件和批准的初步设计概算、建设工程工程量清单计价规范、实际的工程量清单和相关要求、国家以及省市级行业建设主管部门颁布的计价定额与办法、各项施工合同条件和造价信息等。

审核内容包括投资的专业足球场是否超过所批准的概算，若超过则需要重新审批。清单编制方法是否与招标文件统一、预算的编制内容是否与招标图纸统一、核对分部分项工程量以及项目特征、项目编码、计价子项列项是否准确，是否有缺项漏项、措施项目的选用和计价是否合理、是否符合正常的施工程序，工程取费是否执行相应基数和费率标准、暂估金额和暂估价以及计日工是否符合工程列项、总承包服务费是否按标准计取，并且还需对材料暂估单价和专业工程暂估价的合理性进行审核等。

招标控制价的审核步骤为：

（1）审核招标控制价是否超过工程预算；

（2）审核汇总表的合计数是否准确；

（3）审核取费基数和费率；

（4）基于上述步骤，进一步单独审核计价部分；

（5）审核清单中的工程量。

3.4 专业足球场招标采购阶段关键工作

3.4.1 招标采购合同模式划分

专业足球场招标采购模式包括：平行承包模式、设计加施工总承包模式、EPC 模式（项目总承包交钥匙模式）、施工管理模式、带资承包模式、转换型承发包模式。

传统的平行承包模式是由业主与咨询单位、设计院和承包商进行独立签订合同，再由承包商与各级分包商签订合同。其中咨询单位、设计院与承包商之间只存在工作关系。好处在于各司其职又能互补。设计加施工总承包模式是将设计院归类到设计加施工总承包商里，由业主指定业主代表与设计加施工总承包商一起开展工作。EPC 模式是由业主与总承包商签订合同，继而由总承包商总控设计、工艺设备采购、施工管理等一系列工作。施工管理模式是通过业主与设计商、CM 总承包商、分包商、供应商逐次签订合同，彼此之间视为平级关系。而 CM 总承包商又可分为多个分包商和供应商。带资承包模式是由政府作为业主牵头，通过带资承包发起人与出资人（银行等）、项目施工总承包商、项目经营者签订合同，其中施工总承包商下辖设计以及施工总承包商，施工总承包商又分为各个分包商及供应商。转换型承发包模式主要分为转换前阶段和转换后阶段，业主与设计院只签订 30%~80% 的深度，而剩余的 20%~70% 的深度在转换后阶段由设计院与承包商进行签订。最后由承包商分配给多个分包商。

合同类型可分为总价合同（固定总价合同、调值总价合同、固定工程量总价合同、管理费总价合同）、工程单价合同、成本补偿合同等。

专业足球场这类的体育建筑多采用固定总价合同。顾名思义，固定总价合同即合同金额为定价。而调值总价合同是在固定总价的基础上由于通货膨胀所导致的材料成本价格上涨而变动合同金额。因为此类建筑工期长、设计内容、所需要的产品、各项指标明确，所以采用总价合同更为方便。工程单价合同适用于工程内容、技术指标不确定或者工程量不确定时采用。成本补偿合同适用于工程内容、技术指标不确定而又工期紧张的项目，多用于中小型项目。

3.4.2　合同界面管理

专业足球场涉及的招标采购范围较广。因此，在项目进行过程中招标采购方式的选择对招标结果能否满足预期需求有较大影响。针对不同的招标采购项目类别，选择合理的招标采购方式，有助于项目对预期采购结果的把控。

采购方式的选择受采购标的的不同、技术要求的差异以及政府部门的政策规定等因素影响。在招标采购工作开展前，通过对采购标的与当地建筑市场供应情况、采购方式（公开招标、邀请招标、竞争性谈判、询价、单一来源采购等）的匹配性分析比较，并综合考虑成本、进度、项目所在地的惯例等因素向招标人提供采购方式建议，如表 3.4–1 所示。

招标采购方式建议表　　　　**表 3.4–1**

序号	招标项目	采购方式
1	招标代理	公开 / 邀请招标
2	投资监理	公开 / 邀请招标
3	工程设计	公开招标
4	工程勘察	公开招标
5	报建咨询单位	邀请招标 / 竞争性谈判
6	土方工程	邀请招标 / 竞争性谈判
7	室外总体工程	公开招标
8	主体工程	公开招标
9	有特殊工艺要求的专业分包或设备采购项目	邀请招标 / 单一来源采购
10	其他专业分包	公开招标 / 邀请招标

由于初步设计及施工图设计任务较重，需要根据设计图纸的质量、深度具体情况考虑设置合同类型。在招标采购中须重视界面管理，包括目标界面、技术界面、组织界面，合理地设置界面点上的检查点与控制点。确保各专业、系统、组织机构间界面的相容性、完备性。专业工程根据总进度计划启动招标采购和施工，专业工程在达到《招标投标法》规定的限额后应进行公开招标。

专业足球场属于由不同专业工程穿插的大体量项目，即使相同专业施工，也可能会由于不同分包单位施工，造成界面难以划分，施工难以管理；不同专业之间施工时互相影响，相互制约，相互配合施工协调管理难度大。该类型项目除总承包单位外，还包括弱电、消防工程及绿化等多家专业分包和劳务队伍签订的分包合同，施工界面多，交接交叉多，合同的实施、管理极为复杂，合同界面协调难度大。所以应该发挥各参与方的能力，同时专业工程交叉施工过多必然增加项目管理公司、监理及总承包人的协调工作量，界面较多会诱发施工工序的改变和设计变更，导致费用超支和索赔。所以必须对合同界面进行动态控制，建立由各参与单位构成的协同平台，实现各单位共同参与，并明确各方的责任。各参与方把该工程各阶段的数据和资源共享到协同平台上，即：主要分为设计和施工阶段，在这两个主要阶段通过协同平台数据和资源共享使工程达到最优状态。设计阶段主要以设计单位为核心，在项目组的招标策划下，协调设计单位优化设计减少由于界面的问题而带来的损失。

施工阶段，以土建施工单位为核心单位的共同努力、协商使施工阶段的各种工作能顺利进行，并在模式下建立体系系统结构，在各方的协商下，达到最优的界定。在施工阶段进行界面的控制，控制各自的工作界面，与下个施工单位做好衔接。但所有这些都是通过协同平台的共享数据和资料来共同完成。通过网络层、数据层、逻辑层三层的处理，使参与方能及时地了解该工程的进展。

3.4.3 体育工艺系统设备招采

体育工艺系统包括信息显示及控制系统、场地扩声系统、场地照明及控制系统、计时计分及现场成绩处理系统、竞赛技术统计系统、现场影像采集及回放系统、电视转播及现场评论系统、标准时钟系统等比赛设备集成管理系统。对体育工艺系统设备的招采除了上述所需要的单位资质及项目人员资质、组成、所参与过的项目外，还需要提及对各系统的配置需求，技术参数和各工艺系统设备的名称、规格、数量等，同时后续对设备的安装位置、调试的具体指标和方案、维保方案、时间等均该包含在内。以下内容为具体体育工艺系统设备的招采要求：

（1）信息显示及控制系统：整个显示系统应采用先进的技术及系统结构，如统一开关、可以在任意位置控制不同显示信号等，从而提高系统的可靠性和可用性，具备模块化设计；采用统一管理系统，可以灵活操作界面并配备二次开发接口，方便与其他系统整合。

（2）场地扩声系统：应含扩声设备及附件、各种电缆、电线、桥架、配电箱、设备安装、机房工作用品等完整和详细的设备配置表；扩声系统中的主要货物需采用在国外内有实际应用案例的产品。

（3）场地照明及控制系统：灯具的类型、照度的高低、光色的变化、照明方式、光源种类、灯泡功率、灯具数量、型式与光色等。

（4）计时计分及现场成绩处理系统、竞赛技术统计系统：控制计算机、显示器、操作平台、足球换人牌等。

（5）现场影像采集及回放系统：专业足球场影像采集及回放系统具备视频采集、存储，视频图像的加工、处理和制作功能。在比赛期间，能为裁判员、运动员和教练员提供即点即播的比赛录像或与其相关的视频信息。须包括现场摄像、影像编解码处理、视频存储服务器、影像回放调制器等。

（6）电视转播及现场评论系统：摄影机、电视转播供配电及电缆等。

（7）标准时钟系统：SST-M 中心高稳母钟控制器、SST-GPS 标准信号接收单元、SST-NTP 时间服务控制器、SST-CCZ 综合时码分配器、SST-S 时钟网管系统、SST 子钟等。

第 4 章
专业足球场报建报批阶段咨询

4.1 报建报批阶段目标

及时完成各项报批报建工作，取得各项审批批复，确保项目建设法律手续完备齐全，保证工程建设流程合法合规推进。

各阶段目标如下。

4.1.1 立项阶段

（1）项目建议书审查手续（若有）；

（2）项目立项相关审查手续；

（3）项目报建手续；

（4）工程设计招标或备案；

（5）建设项目规划选址意见书或建设工程规划设计要求；

（6）国有土地使用证。

4.1.2 方案审查阶段

（1）方案设计审查及批复办理；

（2）建设用地规划许可证办理；

（3）深基坑安全性评估审查；

（4）环境、卫生、消防、人防、交警、绿化、交通、环卫等行政主管部门的方案阶段并联审批。

4.1.3　初步设计审查阶段

（1）深基坑设计方案审查；

（2）初步设计审查及批复办理；

（3）概算评审批复（若有）；

（4）环境、卫生、消防、人防、交警、绿化、抗震办、气象局等行政主管部门的初步设计阶段并联审批征询；

（5）相关主管部门关于项目的批复是否齐全；

（6）项目审批文件是否符合审批管理权限要求；

（7）初步设计是否满足相关主管部门的审查意见和相关规定；

（8）初步设计是否符合发改部门批准的规模、功能、工艺、投资等内容；

（9）是否损害社会公共利益，是否危害公共安全；

（10）初步设计的依据文件是否符合要求；

（11）初步设计是否符合规划方案要求；

（12）消防设计是否符合要求；

（13）人防设计是否符合要求；

（14）交通设计是否符合要求，交通流线组织、出入口和停车场设置是否符合要求，消防通道设计是否符合要求，无障碍设计是否符合要求；

（15）赛事活动安保和疏散方案是否合理可行；

（16）环保是否符合相关要求；

（17）绿色建筑设计目标是否明确，绿色建筑和建筑节能拟采用的技术措施是否合理可行；

（18）初步设计是否符合装配式建筑相关要求；

（19）概算编制是否按照国家和地方现行有关规定进行编制，深度是否满足要求；

（20）初步设计内容是否合理。主要包括：

1）各有关专业设计是否符合经济美观、安全实用、保护环境的要求；

2）工艺方案是否成熟、可靠，选用设备是否先进、合理，设计方案是否优化；

3）是否有利于资源节约和综合利用土地、能源、水资源和材料；

4）采用的新技术、新材料是否适用、可靠。

4.1.4 总体设计文件审查阶段

（1）办理规划国土、卫生、交通、交警、消防、抗震、水务、民防、绿化市容、气象等部门自行征询相关审批手续；

（2）将各审批部门意见书面告知建设地审查中心。

4.1.5 施工图审查阶段

（1）施工图审查，节能专项审查备案，消防、人防等审查备案；

（2）建设工程规划许可证办理；

（3）施工现场建筑物红线定位放线及复核。

4.1.6 施工许可证办理阶段

（1）施工许可证办理；

（2）办理节水评估、水土保持评估、防汛评估（如有）等专项评审；

（3）办理电力、供水、燃气、通信、排水等配套申请。

4.2 报建报批阶段工作内容

4.2.1 项目基本建设程序

1. 工程项目建设总程序

工程项目建设总程序如图 4.2–1 所示。

2. 建设用地程序

建设用地程序如图 4.2–2 所示。

3. 项目可行性研究程序

项目可行性研究程序如图 4.2–3 所示。

4. 项目建设实施程序

项目建设实施程序如图 4.2–4 所示。

5. 项目配套程序

项目配套程序如图 4.2–5 所示。

6. 竣工验收配合程序

建设用地程序如图 4.2–6 所示。

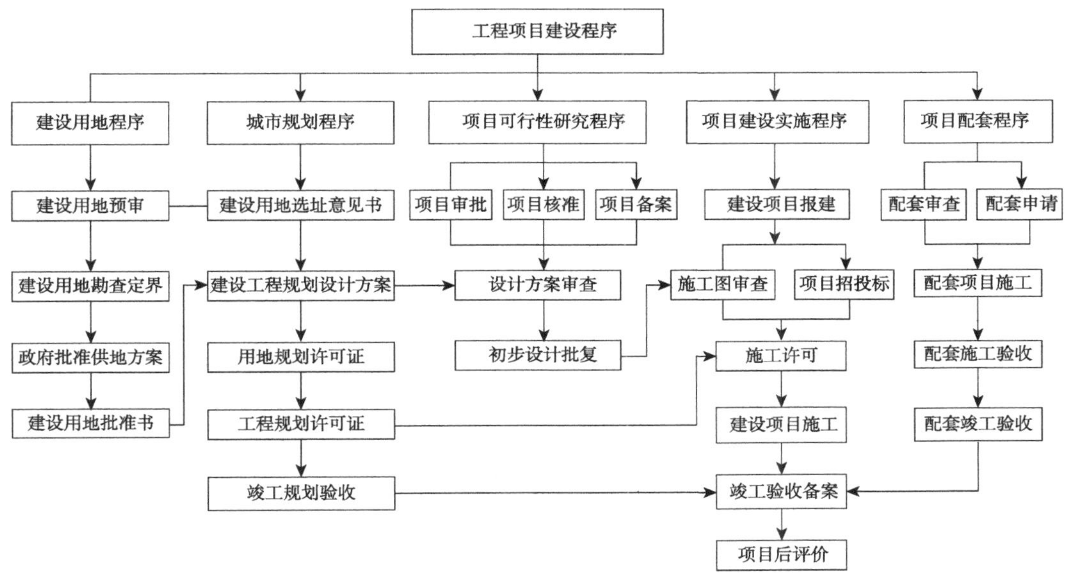

图 4.2-1　工程项目建设总程序

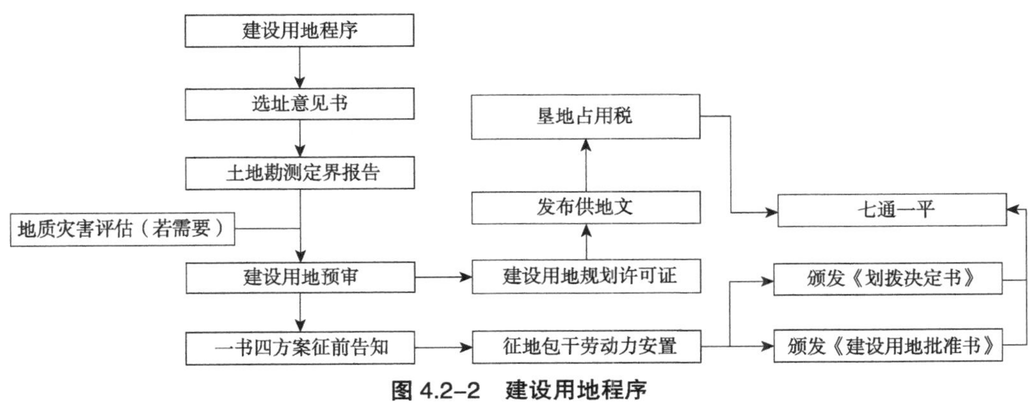

图 4.2-2　建设用地程序

各项报批程序具体办理机构、申请范围、提交资料、办理程序、审批时间等内容一般以附录形式给出。

4.2.2　施工报批程序流程

1. 行政审批

按国家及当地行政建设程序要求办理与项目相关的行政审批手续。

一般情况下包括如下阶段：立项阶段、方案审查阶段、初步设计审查阶段、施工图审查阶段、施工许可证办理阶段。若建设资金来源为企业资金，则无初步设计审查阶段，在方案审查与施工图审查中间增加总体设计文件审查阶段。

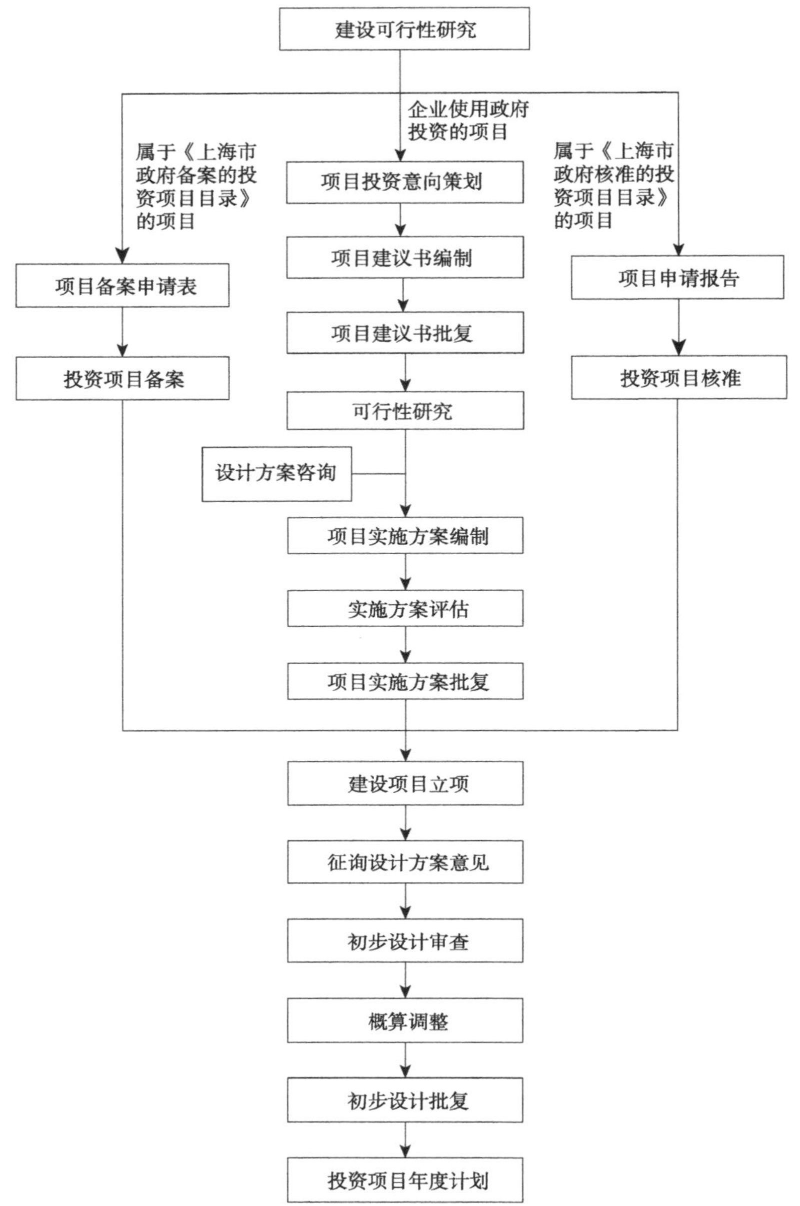

图 4.2-3　项目可行性研究程序

2. 综合配套

按国家及当地行政建设程序要求办理与项目相关的综合配套审批手续。包括但不限于如下内容：

（1）工程项目供电配套；

（2）工程项目接水配套；

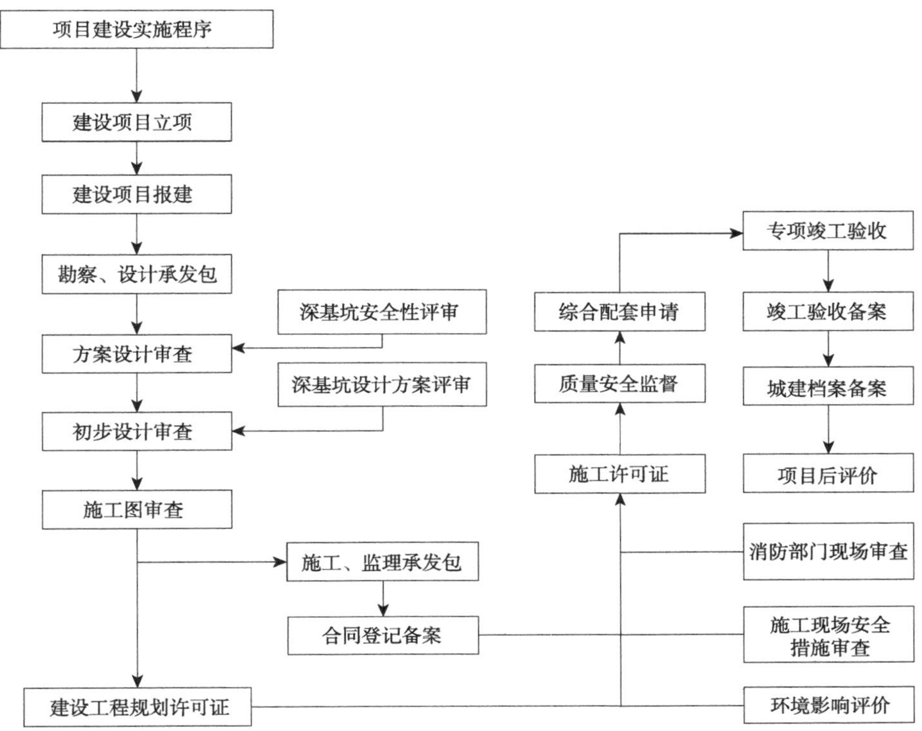

图 4.2–4　项目建设实施程序

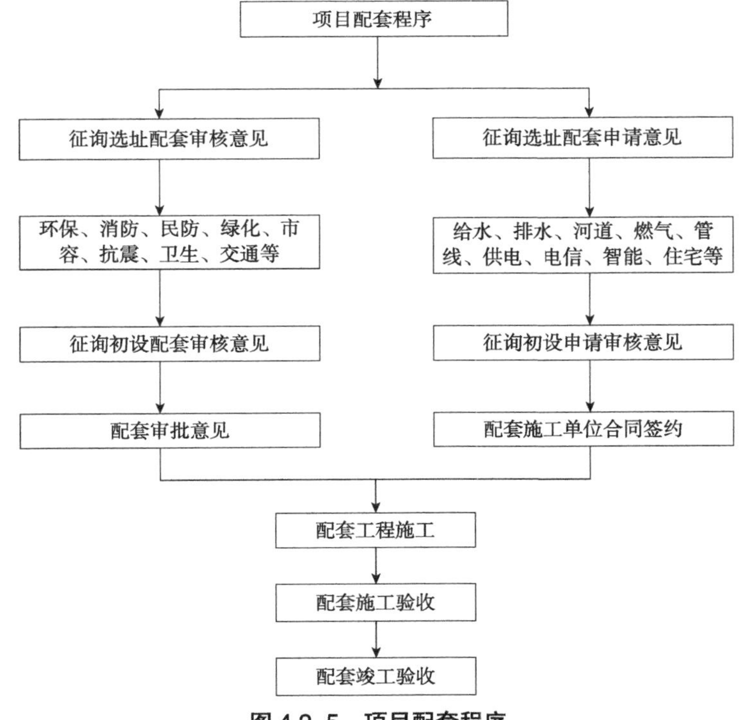

图 4.2–5　项目配套程序

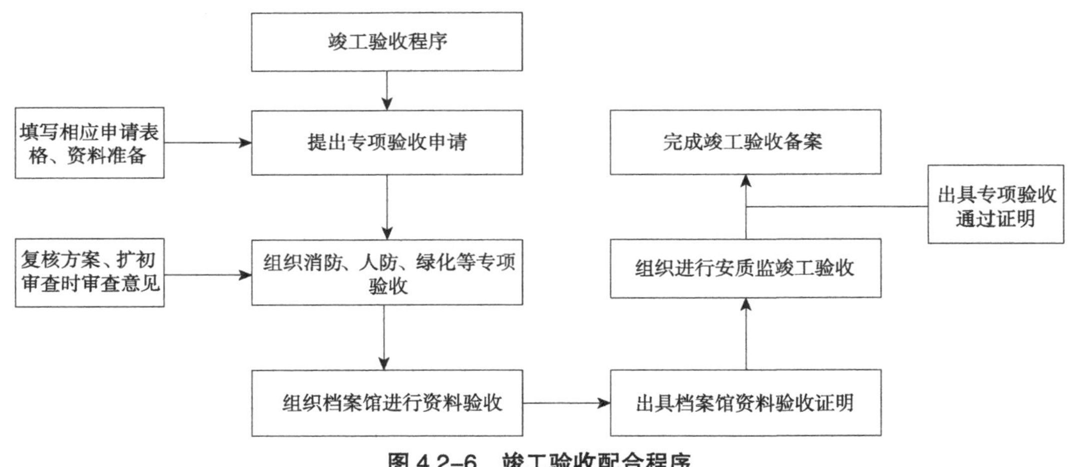

图 4.2-6　竣工验收配合程序

（3）工程项目排水配套；

（4）工程项目燃气配套；

（5）工程项目道路管线掘路配套；

（6）工程项目通信配套；

（7）工程项目安防配套。

3. 专项审批

对项目建设需要办理的相关手续进行梳理。

根据项目建设内容编制报建报批工作计划，完成项目前期及工程建设期间的各项报批报建手续：办理资规、住建、环保、人防（如果有）、消防、气象、市政接驳等。

对需要各参建单位配合的报建报批工作进行协调管理。

4.3 报建报批工作方法

4.3.1 报建报批工作职责分解

（1）方案设计批复之前，职责分解如表 4.3-1 所示。

方案批复之前职责分解表　　表 4.3-1

序号	名称	建设单位	代建单位	第三方咨询
1	项目建议书	▲		▲
2	项目报建	▲	▲	
3	可行性研究报告	▲		▲
4	用地预审、勘测定界、用地批准	▲	▲	

注：▲表示负责。

（2）方案设计批复至工程规划许可核发阶段，职责分解如表 4.3–2 所示。

方案设计批复至工程规划许可核发阶段职责分解表　　　　表 4.3–2

序号	名称	建设单位	代建单位	设计院	第三方咨询
1	设计方案征询、公告、批复	△	▲	▲	△
2	概算编制及审批	▲	△	△	▲
3	用地规划许可、用地批准书、工程规划许可	△	▲	△	△

注：▲表示负责，△表示参与，下同。

（3）工程规划许可证至施工许可证阶段，职责分解如表 4.3–3 所示。

工程规划许可证至施工许可证阶段职责分解表　　　　表 4.3–3

序号	名称	建设单位	代建单位	设计院
1	施工图设计文件审查备案	△	▲	△
2	消防设计审核	△	▲	△
3	施工许可证核发	△	▲	△

4.3.2　报建报批工作计划编制与跟踪

报批报建工作计划编制及跟踪检查表如表 4.3–4 所示。

报批报建工作计划编制及跟踪检查表　　　　表 4.3–4

序号	节点名称	计划开始	计划完成	实际开始	实际完成	偏差
一、前置任务						
1	项目建议书					
1.1	项目建议书编制					
1.2	项目建议书评估					
1.3	项目建议书批复					
2	报建					
2.1	项目信息报送办结					
3	用地程序					
3.1	选址意见书					
3.2	用地勘测定界					
3.3	用地预审、批复					
4	设计方案					
4.1	行政协助征询意见					

续表

序号	节点名称	计划开始	计划完成	实际开始	实际完成	偏差
4.2	设计方案专家评审					
4.3	设计方案公示					
4.4	设计方案批复					
5	可行性研究（初步设计）及概算批复					
5.1	可研（初设）及概算文件编制					
5.2	可研（初设）及概算文件评审					
5.3	可研（初设）及概算文件批复					
6	用地规划许可、划拨决定、用地批准					
6.1	建设用地规划许可证					
6.2	划拨决定书核发					
6.3	建设用地批准书核发					
7	工程规划许可					
7.1	办理建设工程规划许可证					
8	施工许可					
8.1	办理施工许可证					

第5章
专业足球场勘察设计阶段咨询

5.1 勘察设计阶段目标

根据已批准的项目可行性研究报告及相关文件等影响条件，协助业主拟定工程项目设计阶段的投资、质量、进度目标，控制项目总投资，确保质量和进度，协助业主审核各项经济指标和多方案比较，使设计既满足业主功能要求，又符合设计的合理性、经济性和可靠性要求。

5.1.1 投资目标

用投资估算作为方案设计估算的控制目标，用方案设计估算作为初步设计概算的控制目标，用初步设计概算作为施工图预算的控制目标。专业足球场作为大型体育类场馆，往往也存在着在投资决策阶段未能完全把估算金额做准的情况，以至于给设计阶段的造价控制带来不好的影响。所以专业足球场在设计阶段投资控制目标确定的关键是要在方案设计阶段把方案估算打足，初步设计阶段把概算做全，施工图设计阶段把预算做准。因此，专业足球场设计方案阶段是至关重要，如何在方案阶段进行估算的把控，总结为：突出建筑风格，注重赛事体验，满足保障功能。

5.1.2 质量目标

专业足球场相对其他建筑而言，更注重赛事体验与视觉冲击，因此，在勘察设计阶段的质量控制目标可总结为：追求质量的合理化与亮点的极致化。即指在一定的投资限额下，能达到业主所需要的最佳功能和质量水平。

5.1.3 进度目标

专业足球场在勘察设计阶段的进度控制目标可总结为：从实现项目总工期的目标出发，对设计工作进度进行计划、管理和协调，同时，引入专业的体育咨询单位，配合体育工艺的精准落地。专业足球场的设计工作进度，受基础资料、设计文件报批、社会协作条件等多种因素的制约；同时，它又影响项目的实施进度和其他环节的开展。所以，设计进度的控制问题，不能单纯从缩短设计周期出发，而应对有关方面的计划、进度予以综合协调，从有利于实现项目总工期，提高项目综合经济效益出发作为进度控制的目标。

5.2 勘察设计阶段工作内容

5.2.1 勘察工作管理内容

专业足球场的工程地质勘察工作一般划分为选址勘察（可行性研究勘察）、初步勘察、详细勘察三个阶段。工程地质勘察是运用工程地质理论和各种勘察测试技术手段和方法，为设计施工提供准确的地质资料。要实现此目标还存在一定的难度，必须按照工程地质勘察的要求，掌握重点、克服难点、加强管理，确保工程地质勘察质量。

专业足球场作为大型体育场馆类建筑，在勘察阶段对勘察工作的管理内容主要有：

1. 选址勘察阶段

通过对候选场址的工程地质资料进行对比分析，对拟选场址的稳定性和适宜性作出工程地质评价。

2. 初步勘察阶段

对场地内建筑地段的稳定性作出评价；为确定建筑总平面布置、主要建筑物地基基础设计方案以及不良地质现象的防治工程方案作出工程地质论证。

3. 详细勘察阶段

协调设计单位提出专业足球场设计所需的工程地质条件的各项技术参数，为基础设计、地基处理和加固、不良地质现象的防治工程等具体方案提供依据。

5.2.2 设计任务书编制

5.2.2.1 设计任务书的主要框架

（1）项目背景；

（2）项目概述；

（3）设计条件；

（4）设计要求。

5.2.2.2　设计条件的组成

（1）场地条件；

（2）市政条件；

（3）交通条件；

（4）地质条件；

（5）规划条件；

（6）其他条件。

5.2.2.3　方案设计任务书的主要内容

方案设计任务书主要内容包括项目总平面布置、建筑功能要求、设计具体指标要求、对投资估算编制的要求等。

示例如下：

第 1 章　项目总述与定位

1.1　项目名称

1.2　项目现场位置特点

1.3　自然条件

1.4　设计依据与资料

第 2 章　建筑功能要求

2.1　建筑功能要求

2.2　设计要求

2.3　设计具体指标

第 3 章　项目参与单位

第 4 章　引用法律、规范、标准

第 5 章　设计原则

第 6 章　方案设计

6.1　方案设计基本要求

6.2　总平面

6.3　建筑

6.4　结构

6.5 建筑电气

6.6 给水排水

6.7 采暖通风与空气调节

6.8 投资估算

第 7 章 附件

5.2.2.4 初步设计任务书的主要内容

初步设计任务书用于明确建设单位的功能要求、明确初步设计的范围、明确初步设计的深度、明确前阶段设计的修改、技术经济论证。

初步设计任务书的内容主要包括项目组织结构图、项目功能分析、面积分配、各专业工种设计要求、对概算编制的要求。

示例如下：

第 1 章 项目概况及设计范围

1.1 项目名称

1.2 项目位置

1.3 用地规划

1.4 设计范围

1.5 设计依据与相关基础资料

第 2 章 初步设计文件深度要求及过程控制要求

2.1 初步设计文件深度要求

2.2 初步设计文件的内容要求

2.3 初步设计过程控制要求

第 3 章 总图专业

3.1 总平面（项目建筑面积明细表、总平面布置设计原则及要求）

3.2 竖向设计原则及要求

3.3 道路交通组织设计原则及要求

3.4 综合管网设计原则及要求

3.5 环境保护设计原则及要求

第 4 章 建筑专业

第 5 章 结构专业

第 6 章 电气专业

第 7 章 给水排水专业

第8章　燃气、采暖通风与空调专业

第9章　附件

5.2.2.5　施工图设计任务书的主要内容

施工图设计任务书用于明确建设单位的功能要求、明确施工图设计的范围、明确施工图设计的深度、明确前阶段设计的修改、技术经济论证。

施工图设计任务书的内容主要包括建筑专业、结构专业、机电专业等各专业的设计要求、设备安装设计成果要求、对预算编制的要求。

示例如下：

第1章　总则

1.1　设计范围

1.2　设计依据

1.3　设计基础资料

1.4　施工图设计文件质量和深度要求

1.5　施工图设计过程控制要求

第2章　总图设计

2.1　总体规划

2.2　竖向设计要求

2.3　消防要求

2.4　室外环境要求

2.5　道路设计和配套设施要求

第3章　建筑专业

3.1　各业态设计依据

3.2　地下室设计要点

3.3　室内设计要点

3.4　屋面设计要点

3.5　立面设计要点

3.6　剖面设计要点

3.7　材料使用要求

3.8　消防设计要求

3.9　人防设计要求

第4章　结构专业

4.1　材料选用

4.2　荷载取值

4.3　抗震设防类别

4.4　结构设缝原则

4.5　结构超长的处理建议

4.6　大跨度大悬挑梁设计要求

4.7　各部位设计要求

第 5 章　电气专业

5.1　强电设计要求

5.2　弱电设计要求

5.3　抗震设防类别

5.4　结构设缝原则

第 6 章　给水排水专业

6.1　总图要求

6.2　生活给水系统

6.3　排水系统

6.4　消防水系统

第 7 章　燃气、采暖通风与空调专业

7.1　燃气要求

7.2　采暖通风要求

7.3　空调系统要求

第 8 章　附件

体育工艺

5.2.3　设计方案阶段

5.2.3.1　设计方案阶段的工作目标

（1）对业主要求的满意程度：功能、规模、标准等方面能否满足业主要求；

（2）对法规的满足程度：规划条件的满足、有关法规的满足；

（3）对申报要求的满足程度；

（4）对设计深度的满足程度；

（5）方案设计的合理性：对设计文件的安全、技术、经济进行评审。应向设计单位提出设计方案比选和优化的要求；

（6）方案设计的可实施性：技术条件项目所具备的各种技术条件能否保证设计得以实现，进度能否满足建设工期要求，投资控制能否控制在限定的投资额度内。

5.2.3.2　设计方案阶段的工作内容

1. 总体方案的审核

2. 专业设计方案的审核

（1）建筑设计方案；

（2）结构设计方案；

（3）给水排水工程设计方案；

（4）通风空调设计方案；

（5）动力、供热工程设计方案；

（6）通信工程设计方案；

（7）场内运输、三废治理工程设计方案。

5.2.4　初步设计阶段

5.2.4.1　初步设计阶段的工作目标

专业足球场在初步设计阶段的主要工作目标为：

（1）确定在指定选址、规定的建设限期内，拟建足球场在技术上的可行性及经济上的合理性；

（2）保证正确选址建设场地和主要资源；

（3）正确拟定项目主要技术决定；

（4）合理确定总投资和主要经济技术指标。

5.2.4.2　初步设计阶段的工作内容

1. 造价控制

（1）根据项目总体造价控制目标制定造价分解控制目标；

（2）在设计任务书中提出有关造价控制的要求；

（3）审核扩初设计概算；

（4）组织专项方案论证；

（5）编制扩初阶段造价控制报表和分析报告。

2. 质量控制

（1）根据项目总体质量控制目标制定设计质量分解控制目标；

（2）在设计任务书中提出有关质量控制的要求；

（3）分析质量风险；

（4）审核扩初阶段设计成果是否满足设计任务书的质量标准和功能要求；

（5）审核设计成果是否满足设计深度要求；

（6）组织论证设备选型；

（7）组织专题分析论证；

（8）组织论证项目的新产品、新技术、新工艺、新材料的主要使用用途；

（9）对于技术标准和设计规范有空缺的，需要组织进行技术标准的制定。

3. 进度控制

（1）根据项目总体进度控制目标制定设计进度分解控制目标；

（2）提出进度控制的要求；

（3）审核设计单位的出图计划，进行进度控制；

（4）组织设计进度协调会；

（5）组织分析设计单位提出的问题并及时回复；

（6）编制扩初阶段进度控制报表和进度控制分析报告。

5.2.5 施工图设计阶段

5.2.5.1 施工图设计阶段的工作内容

1. 造价控制

（1）根据项目总体造价控制目标制定造价分解控制目标；

（2）在设计任务书中提出有关造价控制的要求；

（3）组织专项方案论证：结构超限设计、消防设计、深基坑设计等；

（4）编制施工图设计阶段造价控制报表和分析报告。

2. 质量控制

（1）根据项目总体质量控制目标制定设计质量分解控制目标；

（2）在设计任务书中提出有关质量控制的要求；

（3）分析质量风险；

（4）审核施工图设计阶段设计成果是否满足设计任务书的质量标准和功能要求；

（5）审核设计成果是否满足设计深度要求；

（6）对于技术标准和设计规范有空缺的，需要组织进行技术标准的制定。

3. 进度控制

（1）根据项目总体进度控制目标制定设计进度分解控制目标；

（2）提出进度控制的要求；

（3）审核设计单位的出图计划，进行进度控制；

（4）组织设计进度协调会；

（5）组织分析设计单位提出的问题并及时回复；

（6）编制施工图设计阶段进度控制报表和进度控制分析报告。

4. 协调及信息管理

（1）建立信息沟通机制和设计协调制度；

（2）协调各方工作；

（3）组织设计单位协助和参与材料设备采购及施工等相关工作；

（4）建立信息管理制度；

（5）组织设计阶段各类工程文档管理工作。

5.2.5.2　专业深化设计管理（钢结构、幕墙、金属屋盖、体育工艺等）

（1）制定专业深化设计委托方案；

（2）组织招标或直接委托专业深化设计；

（3）提出专业深化设计技术要求；

（4）专业深化设计过程协调；

（5）组织论证专业深化设计。

5.3 勘察设计阶段工作方法

5.3.1　勘察工作管理重点

专业足球场作为大型体育场馆类建筑，在勘察阶段对勘察工作管理的重点有：

1. 选址勘察阶段

选择场址时，应进行技术经济分析，一般情况下宜避开下列工程地质条件恶劣的地区或地段：一是不良地质现象发育，对场地稳定性有直接或潜在威胁的地段；二是地基土性质严重不良的地段；三是对建筑抗震不利的地段，如设计地震烈度为 8 度或 9 度且邻近发震断裂带的场区；四是洪水或地下水对建筑场地有威胁或有严重不良影响的地段；五是地下有未开采的有价值矿藏或不稳定的地下采空区上的地段。

2. 初步勘察阶段

依据项目可行性研究报告、有关工程性质及工程规模的文件，初步查明的地层、构造、岩石和土的性质，地下水埋藏条件、冻结深度、不良地质现象的成因和分布范围等分析对场地稳定性的影响程度和发展趋势。当场地条件复杂时，应进行工程地质测绘与调查。对抗震设防烈度为7度或7度以上的建筑场地，应判定场地和地基的地震效应。初步勘察时，在搜集分析已有资料的基础上，根据需要和场地条件还应进行工程勘探、测试以及地球物理勘探工作。

3. 详细勘察阶段

一是要取得附有坐标及地形的建筑物总平面布置图，各建筑物的地面整平标高、建筑物的性质和规模，可能采取的基础形式与尺寸和预计埋置的深度，建筑物的单位荷载和总荷载、结构特点和对地基基础的特殊要求；

二是查明不良地质现象的成因、类型、分布范围、发展趋势及危害程度，提出评价与整治所需的岩土技术参数和整治方案建议；

三是查明建筑物范围各层岩土的类别、结构、厚度、坡度、工程特性，计算和评价地基的稳定性和承载力；

四是对需进行沉降计算的建筑物，提出地基变形计算参数，预测建筑物的沉降、差异沉降或整体倾斜；

五是对抗震设防烈度大于或等于6度的场地，应划分场地土类型和场地类别。对抗震设防烈度大于或等于7度的场地，尚应分析预测地震效应，判定饱和砂土和粉土的地震液化可能性，并对液化等级作出评价；

六是查明地下水的埋藏条件，判定地下水对建筑材料的腐蚀性。当需基坑降水设计时，尚应查明水位变化幅度与规律，提供地层的渗透性系数；

七是提供为深基坑开挖的边坡稳定计算和支护设计所需的岩土技术参数，论证和评价基坑开挖、降水等对邻近工程和环境的影响；

八是为选择桩的类型、长度，确定单桩承载力，计算群桩的沉降以及选择施工方法提供岩土技术参数。

5.3.2 设计任务书编制重点

专业足球场设计任务书的编写要求：应当既可以让设计单位得到明确的设计规模要求，功能需求和系统概念，又给设计单位留有充分的发挥空间。

主要准则如下：

（1）设计任务书中所涉及的水文、地质、气象、环境保护等方面的数据和内容必须准确、客观，有科学依据。

（2）设计任务书文件的组成应当系统完整。设计任务书所提供的工程设计说明文件，包括之前阶段的工程设计说明书、设计图样、概估算书等文件必须完整有效，达到之前阶段有关文件（包括审批、核准）的要求。设计任务书附带的有关文件、批件齐备无缺，与文字说明相一致。尽量避免“待确定后提供”“正研究商讨”文字表述与提供附带文件不一致甚至相互矛盾等问题。

（3）设计任务书的表述应当简洁明确，避免产生歧义。对于定性的要求应尽量描述出一定的范围。“应满足 ×× 专业规范要求”“×× 设备原则首选 ×× 国产品”等。对于定量的要求，应符合之前阶段设计要求或提出符合有关文件要求的主要技术经济指标，如容积率指标、户型面积指标、各类功能面积比例指标、公建面积指标、绿化率等。明确是否需要抗震、环保、节能、防火等专项设计的要求等。

（4）设计任务书的表述应给设计留出发挥空间。

（5）设计任务书对功能的要求应适当可行。

（6）明确设计投资限额及设计周期、各阶段设计的进度要求。

5.3.3　方案设计优化

（1）设计自身优化：在给定结构类型、材料等因素条件下优化各个组成构件的截面尺寸，使结构经济合理。

（2）考虑全寿命优选最合理的设计标准，对特定的工程确定一个合适的设计标准，使得工程既能满足功能、质量和安全的要求，又能使得预期的工程全寿命期的费用最低，采用优化的方法：

1）直觉优化：

①直觉选择性优化；

②直觉判断性优化。

2）试验优化。

3）经济分析比较优化。

4）数值计算优化。

（3）限额设计

1）设置目标。

2）初步设计必须依据可行性报告进行多方案选择。

3）施工图预算严格控制在批准的概算以内。

4）重视设计变更管理。

5）设计单位要建立内部限额设计责任制。

5.3.4 初步设计阶段管理重点

初步设计阶段主要对初步设计文件进行审查，主要的审查重点如下：

（1）是否符合作为设计依据的政府有关部门的批准文件要求；设计单位是否严格执行有关行政主管部门的审批意见。

（2）是否符合批准方案和设计任务书的项目规模与组成,以及设计原则、功能要求、主要指标等。

（3）设计所执行的主要法规和采用的标准尤其是强制性标准是否恰当、有效。

（4）是否符合规划、用地、环保、卫生、绿化、消防、人防、抗震等各专项管理规定和设计要求，是否符合社会公共利益。

（5）设计文件是否满足现行国家和省市地方有关初步设计规定的深度要求。

（6）采用的新技术、新材料、新设备和新结构是否适用、可靠、先进。

（7）总体设计布局和建筑设计是否在方案设计基础上更合理、完善、优化，是否符合各项要求，是否有利于综合利用土地和资源节约，总体设计中所列项目有无漏项。

（8）工艺设计是否成熟、可靠，选用设备是否先进、合理；能否达到预计的生产规模，“三废”治理和环境保护方案、节能减排是否满足国家和当地政府的有关要求。

（9）所采用的技术方案是否可行可靠、经济合理，是否达到项目确定的质量标准，有关专业设计之间技术协调是否充分。

（10）主要技术经济指标是否合理，是否符合规划条件、建设标准和设计任务书等。

（11）结构选型、结构布置是否安全可靠、经济合理，是否符合抗震要求。

（12）设计概算是否完整、合理、准确，总投资确定是否合理，若超出计划投资原因何在。

5.3.5 施工图设计阶段管理重点

施工图设计阶段主要对施工图设计文件进行审查，主要的审查重点如下：

（1）是否符合工程建设标准和规范；

（2）设计图纸及说明是否完整、清楚、明确、齐全，图中尺寸、坐标、标高是否正确，有否局部差错；

（3）建筑、结构、给水排水、暖通、强电弱电、煤气与装修各专业图纸在平面和空间上是否相互矛盾，管线走向是否合理，管线布置是否有矛盾，管线布置与地上建筑物、地下建筑物、周围环境有无冲突；

（4）施工单位技术装备能力和现场条件难以解决的技术或工艺难点；

（5）特殊结构或新材料、新工艺、新技术是否已满足施工需要；

（6）设计选用的设备、材料标准是否合适、有无质量问题；

（7）配套使用的图集是否齐全。

此外，施工图设计阶段的另一个重点是审查设计的可施工性，体现在以下几方面：

（1）对于项目分别发包给几个设计单位或实施设计分包的情况，设计文件相互关联处的深度应满足各承包或分包单位设计的需要；

（2）施工图预算应符合相关规范要求并满足工程量计算和计价的需要；

（3）施工图设计各专业工种技术协调应已完成；

（4）建筑构造、结构构件设计的合理性，材料的施工适应性，构造详图齐全且表达深度满足施工需要；

（5）采用的单元设计和建筑构配件标准设计应按规定在设计文件中明细标注；

（6）采用先进适用新技术、新工艺、新材料、新方法，应做施工和采购指引说明。

5.4 专业足球场勘察设计阶段关键工作

5.4.1 功能区划分

5.4.1.1 比赛区

1. 替补席

（1）国内赛事场地

国内赛事场地标准详见表 5.4–1。

国内赛事场地标准　　　　**表 5.4–1**

类别	替补队员教练席距离边线（m）
标准足球场	≥ 5.0
非标准足球场	不限

（2）FIFA 世界杯等国际赛事场地

1）应该有两个替补席。它们应位于中线的两侧，与接触线平行，在比赛场地之外，且距比赛场地 5m。

2）每个工作台到中线的最近点应距离中线与接触线的交点至少 5m。

3）长凳应与接触线和中线等距。每个凳子最多可容纳 22 人参加国际比赛和 FIFA 世界杯。座位应该有靠背。

4）长凳应放置在地面上，但不应遮挡观众的视线。必须用透明的 Plexiglas 型外壳保护它们，以防恶劣天气或被观众抛出的物体，具体详见图 5.4–1、图 5.4–2。

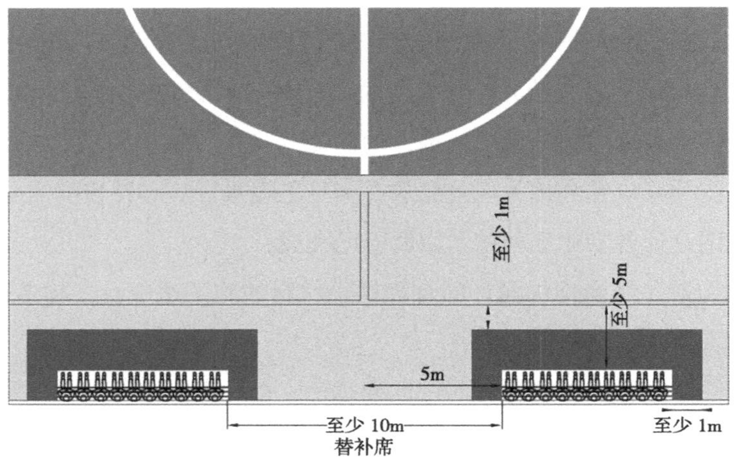

图 5.4–1　国际赛事场地标准

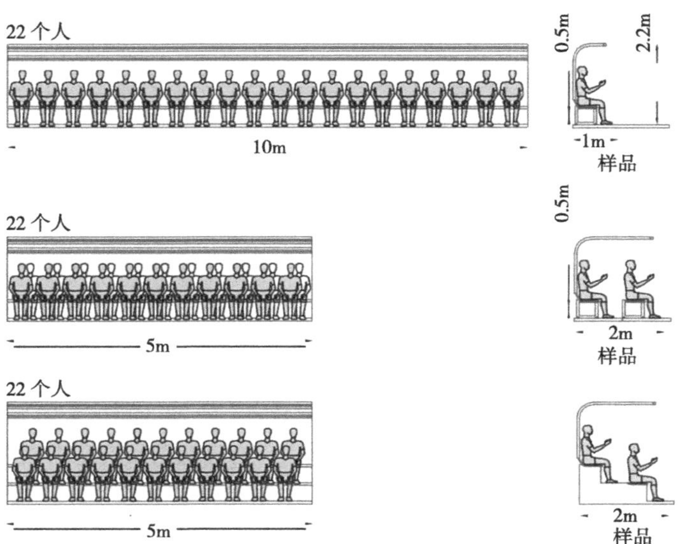

图 5.4–2　长凳设计标准

2. 比赛区广告牌

（1）国内赛事场地

国内赛事场地比赛区广告牌标准详见表 5.4–2。

国内赛事场地比赛广告牌标准　　表 5.4–2

类别	广告牌		
	距边线（m）	距球门线后角旗处（m）	距球门网贴地处（m）
标准足球场	≥ 5.0	≥ 3.0	≥ 3.5
非标准足球场	不限		

（2）FIFA 世界杯等国际赛事场地

除满足上述要求外，还需：

1）广告板的高度通常为 90~100cm；

2）运动场和广告板的边界线之间的最小距离应为：接触线上：4~5m，在球门线的后面：5m，在拐角处的标志处倾斜成 3m 的角度，详见图 5.4–3、图 5.4–4；

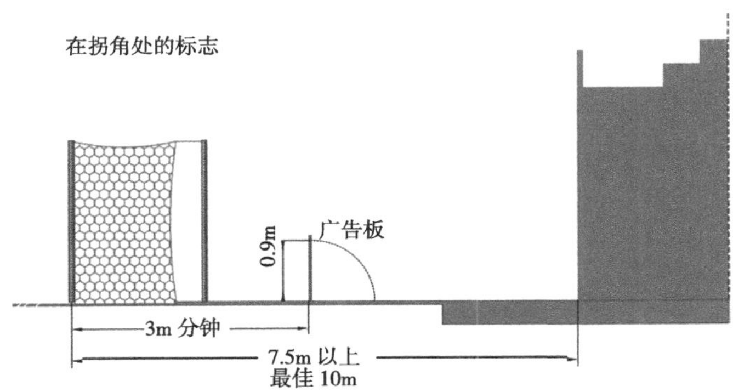

图 5.4–3　广告牌设置（拐角处）

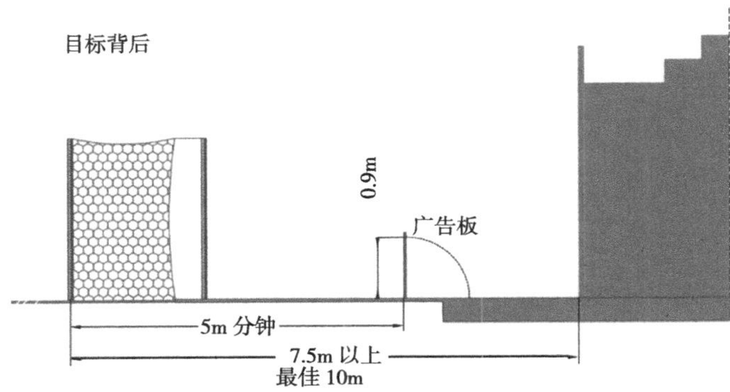

图 5.4–4　广告牌设置（球门线背后）

3）不能位于可能对球员、官员和其他人构成危险的位置；

4）不能以任何可能危害玩家的方式竖立；

5）不能由可以反射光的程度的任何表面材料构成，以至于可以分散运动员，裁判或观众的注意力；

6）不能在紧急疏散到比赛区域时以任何可能妨碍观众的方式竖立。

3. 比赛区入口

（1）国内赛事场地

根据功能分区应合理安排各类人员出入口。比赛用建筑和设施应保证观众的安全和有序入场及疏散，应避免观众和其他人流（如运动员、贵宾等）的交叉。满足建筑设计规范及消防疏散要求即可。

（2）FIFA 世界杯等国际赛事场地

包括救护车和消防车在内的紧急服务车辆必须能够进入场地。所有类型的地面维护车辆和其他各种类型的车辆也应能够进入比赛区域。

4. 赛时观众隔离防护措施

（1）国内赛事场地

暂无具体标准，设计满足建筑设计规范即可。

（2）FIFA 世界杯等国际赛事场地

国际足联确定，其最终比赛仅在无围栏的场地进行。

必须通过多种方式来保护球员免受观众的侵扰，包括以下一种或多种方式：安保人员、屏风、围栏。

5.4.1.2 球员和比赛官员休息区

1. 更衣室、卫生间及淋浴区

（1）更衣室

1）国内赛事场地

①更衣室应配备与设计接待人数相匹配的密闭更衣柜、鞋架等更衣设备，更衣室应按一客一用的标准设置；

②更衣柜宜采用光滑、防霉、防水材料；

③淋浴区与更衣室的使用面积之比，宜采用 0.9~1.0；

④休息室或者兼做休息室的更衣室，每个席位不小于 0.125m^2，走道宽度不小于 1.5m；

⑤更衣室地面应采用防滑、防水、易于清洗的材料，地面应有一定坡度且有排水

系统。墙壁及天花板应使用防水、防霉、无毒材料覆涂。

2）FIFA 世界杯等国际赛事场地

要求一个私人通道进入更衣室，连通停车场，并与公众、媒体隔绝。

同时要求该通道可以满足搬运担架等工具。要求各更衣室与紧急车辆停车场以及球场之间无障碍物台阶或者急转弯，以确保伤员可以快速撤离。FIFA 更衣室设置要求详见表 5.4–3。

FIFA 更衣室设置要求　　表 5.4–3

参数	要求
数量	多功能球场至少提供 2 个主更衣室面积，要求面积、风格、设施相等。一般要求准备 4 个功能相等的更衣室以备两场连续比赛需要
面积	≥ 150m^2
设备	新风、空调、照明、易清洁防滑地板与环保材料墙面； 至少 25 人长度的长凳，至少 25 人数量带衣架可上锁的衣柜； 冰箱、一部电话（外部 / 内部）； 战术演示板、1 张办公桌、5 张椅子和 3 张按摩床

（2）卫生间及淋浴区

1）国内赛事场地

①普通卫生间

详细设计参数详见表 5.4–4。

国内赛事场地普通卫生间详细设计参数　　表 5.4–4

方向	卫生间尺寸系列要求（净尺寸）/mm								
长向	1200	1300	1500	1600	1800	2100	2200	2400	2700
短向	900	1100	1200	1300	1500	1600	1700	1800	
高度	≥ 2200								

②无障碍卫生间

a. 坐便器两侧和洗浴单元应设高 650mm 水平抓杆，在墙面一侧应设高 1400mm 的垂直抓杆。

b. 安全抓杆直径应为 30~40mm。安全抓杆内侧距墙面 40mm。

c. 洗面器的上缘距地的最大高度宜为 750mm，下方的净空间不宜小于 650mm，深度不宜小于 350mm；洗面器挑出宽度宜为 600mm。

d. 距洗面器两侧和前缘 50mm 宜设安全抓杆。

e. 洗面器处镜子底面距地高度不宜大于 950mm。

f. 洗面器前应有 1100mm × 800mm 乘坐轮椅者使用空间。

g. 洗浴单元门应向外开启并采用门外可紧急开启的门插销。

③整体卫生间

整体卫生间作为无障碍卫生间时除应满足无障碍卫生间的要求外，还应符合下列要求：

a. 整体卫生间的门扇应向外开启，门扇开启的净宽不应小于 800mm；

b. 门扇上有防止轮椅脚踏板碰撞的防护板，且门扇内侧应设关门拉手；

c. 冷热水龙头应选用混合式调节的单柄或掀压式恒温水嘴；

d. 距地面高 400~500mm 处应设求助呼叫按钮。

④卫生洁具距墙及相互间尺寸

a. 便器中心距侧墙不应小于 400mm；中心距侧面洁具边缘不应小于 350mm。

b. 坐便器采用下排水时，排污口中心距后墙为 305mm、400mm 和 200mm 三种，推荐尺寸为 305mm。

c. 坐便器采用后排水时，排污口中心距地面高度为 100mm 和 180mm 两种，推荐尺寸为 180mm。

d. 淋浴器喷头中心距墙不应小于 350mm。喷头中心与洁具水平距离不应小于 350mm。

e. 洗面器中心距侧墙不应小于 350mm，侧边距一般洁具不应小于 100mm，前边距墙、距洁具边缘不应小于 600mm。

f. 电热水器，太阳能热水器贮水箱侧面距墙不应小于 100mm。

⑤管道距墙（或地面）及相互间尺寸

管道在管井敷设时，管道间安装距离应按管道的类型和数量确定，并宜符合下列要求：

a. 有压管立管外壁（含保温层）敷设距墙距离不宜小于 100mm，管道之间净距（含保温层）不宜小于 150mm；

b. 无压管立管外壁距墙距离不宜小于 50mm，管道之间净距不宜小于 150mm。

c. 管道沿墙敷设时，供水管外壁（含保温层）距墙不应小于 20mm。

d. 管道沿墙敷设时，排水管外壁一边距墙不应小于 80mm，另一边距墙不应小于 50mm。

⑥同层排水

a. 同层排水横管敷设方式可分为墙体敷设和地面敷设两种。地面敷设可采用结构整体降板或局部降板的形式。

b. 卫生洁具宜布置在同一侧墙面上，当受条件限制不能做到时，也应布置在相邻墙面。

⑦淋浴区

a. 应分设男女淋浴区，相邻淋浴喷头间距不应小于 0.9m；

b. 宜设置喷淋隔断；

c. 墙壁及天花板应使用耐磨、耐热及防潮、防水材料；

d. 天花板应有放置水蒸汽结露的相应措施；

e. 地面应耐腐、防渗、防滑，便于清洁消毒，地面应有一定坡度却有排水系统；

f. 淋浴区相邻区域应设公共卫生间，公共卫生间地坪应低于淋浴区。

2）FIFA 世界杯等国际赛事场地

FIFA 赛事要求详见表 5.4–5。

FIFA 世界杯等国际赛事场地卫生间设计要求　　表 5.4–5

参数	要求
面积	≥ 150m^2
设备	10 个淋浴、5 个带镜子洗脸盆、1 个脚盆、1 个可清洁靴子的水槽； 3 个小便池、3 个坐便器； 2 台吹风机

2. 急救室

（1）国内赛事场地

急救室应设置 1~2 张病床，每床间距不少于 2m，互相用围帘隔开，有条件的一人一室。

1）急救室应准备备用床；

2）每个床位需要心电监护仪、吸氧装置、负压吸引装置，心电监护仪放置于床头。

3）急救室必须备有急救车。

4）特殊急救室根据情况配备相应物品，如除颤仪。

（2）FIFA 世界杯等国际赛事场地

FIFA 赛事要求详见表 5.4–6。

FIFA 世界杯等国际赛事场地急救室要求 表 5.4–6

参数	要求
位置	靠近更衣室与比赛区，走廊宽度满足担架及轮椅通行
面积	≥ $50m^2$
设备	1 个检查台、1 个医疗台、2 个便携式担架； 1 个洗脸盆（带热水）、2 个脚盆； 1 个玻璃药品柜、1 个可上锁的非玻璃柜； 1 台电话（外部 / 内部）； 隔板

3. 热身区

（1）国内赛事场地

暂无热身区具体要求，依据设计需求，满足体育建筑、场馆设计规范要求即可。

（2）FIFA 世界杯等国际赛事场地

户外热身区要求详见表 5.4–7。

FIFA 世界杯等国际赛事场地户外热身区要求 表 5.4–7

参数	要求
设备	草皮面层（天然 / 人造）； 夜间照明设备

室内热身区要求详见表 5.4–8。

FIFA 世界杯等国际赛事场地室内热身区要求 表 5.4–8

参数	要求
位置	靠近更衣室
面积	≥ $100m^2$
设备	减震墙壁、天花板松散网； 新风、照明

4. 团队入场区

（1）国内赛事场地

暂无入场区具体要求，依据设计需求，满足体育建筑、场馆设计规范要求即可。

（2）FIFA 世界杯等国际赛事场地

1）球员更衣室和裁判更衣室都应有专属的通道连通入场区。

2）通道应连接球场安全出口。

3）如果只有一个隧道可用，则其宽度应满足各队球员及裁判在隔板分离状态下同时通行。

4）球队区域应位于球员入场通道两侧。

5）入场通道至少 4m 宽，宜为 6m 宽，最低 2.4m 高。

6）入场区通道应具备防火功能。它应当与 VIP 区、新闻及行政办公室一侧。

7）入场区入场通道距离应较长，以免球员被观众抛物砸伤。入场区地下入场通道应与观众席保持安全距离。

8）入场区的走廊和楼梯应由防滑材料制造或覆盖，且远离观众。

9）入口处应设置一个卫生间，包括一个厕所及带镜子的洗脸盆。

5. 比赛代表区

（1）国内赛事场地

暂无比赛代表区具体要求，依据设计需求，满足体育建筑、场馆设计规范要求即可。

（2）FIFA 世界杯等国际赛事场地

FIFA 赛事要求详见表 5.4–9。

FIFA 世界杯等国际赛事场地比赛代表区要求　　表 5.4–9

参数	要求
位置	靠近团队和裁判室的更衣室
面积	≥ $16m^2$
设备	1 张桌子、3 把椅子、1 个储物柜； 1 部电话、1 个传真机、1 部复印机、1 部电视机； 厕所和卫生设施，包括 1 个卫生间及 1 个带镜子的洗脸盆

6. 兴奋剂检测区

（1）国内赛事场地

1）基本要求

①所有足球场馆均应设立兴奋剂检查站。

②兴奋剂检查站应是完全独立的、安全的房间，门窗密闭良好、带锁，玻璃窗配窗帘，以确保检查过程、运动员的隐私及安全，赛事期间只能用于兴奋剂检查，检查站外应设一名保安，控制进出人员。

③兴奋剂检查站应靠近运动员更衣区、医疗区及运动员进出比赛场地的通道，远

离媒体区。

④兴奋剂检查站的位置应标注于足球场馆平面图中，足球场馆内相应区域应有明确指示标志。

⑤应在比赛场地边上设兴奋剂检查专用桌，并至少摆放 3 人座椅。

2）房间要求

①候检室

运动员及其陪同进入兴奋剂检查站后放松休息、等候检查的房间，依据进入检查站受检运动员及陪同人数的峰值确定面积，根据需求应在 20~40m^2，可以有 1~2 间。

②检测室

实施样品收集的房间，由工作区和卫生间组成。工作区至少能容纳 6 人，卫生间至少 4m^2。面积要求 20m^2 左右，与候检室相通。

（2）FIFA 世界杯等国际赛事场地

每个足球场必须提供一个兴奋剂检测室，详见表 5.4–10、图 5.4–5。

FIFA 世界杯等国际赛事场地兴奋剂检测区要求　　表 5.4–10

参数	要求	
位置	在球队和裁判室的更衣室附近，公众和媒体无法进入	
面积	≥ 36m^2（包括工作室、卫生间和候诊室）	
设备	检测室	照明、易清洁防滑地板与环保材料墙面
	工作室	1 张桌子、4 把椅子、1 个带镜子的洗脸盆、1 部电话、可上锁的样品瓶柜
	卫生间	1 个厕所间、1 个带镜子的洗脸盆、1 个淋浴
	候诊室	至少 8 人座位、1 台冰箱、1 台电视机

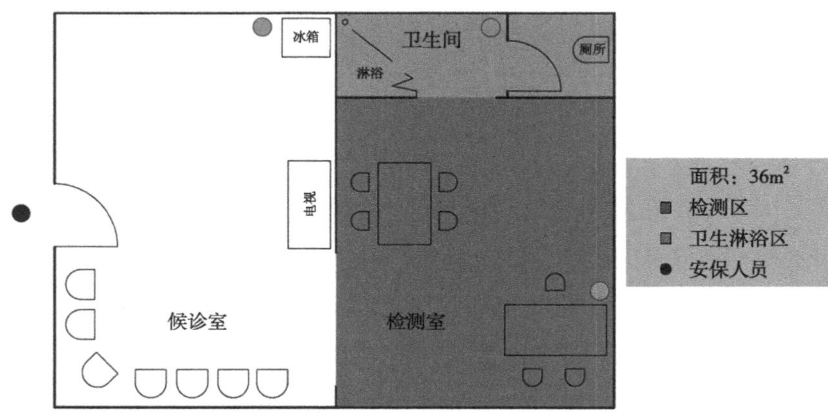

图 5.4–5　兴奋剂检测室

7. 球童更衣室

（1）国内赛事场地

暂无球童更衣室具体要求，依据设计需求，满足体育建筑、场馆设计规范要求即可。

（2）FIFA 世界杯等国际赛事场地

FIFA 赛事要求详见表 5.4–11。

FIFA 世界杯等国际赛事场地球童更衣室要求　　表 5.4–11

参数	要求
面积	≥ 40m²/ 每间（分男女）
设备	2 个卫生间、2 个洗脸池、2 个淋浴

5.4.1.3　观众区

在过去的 25 年中，足球场在为观众提供的舒适度方面有了显著改善。这些改进适用于所有区域的人们，这种趋势可能会持续下去。因此，不应仅考虑未来几年的需求而建造足球场，而是希望该设施能够满足后代的需求，或者至少希望它可以相对容易地达到舒适性，足球场观众区的以下区域需要满足一定的要求。

1. 座位

（1）国内赛事座位

举办国内赛事的场地内座椅应符合表 5.4–12 所示的数据。

国内赛事座位要求　　表 5.4–12

规格种类	无背条凳	无背方凳	有背硬椅	有背软椅	活动软椅	扶手软椅
坐宽（m）	0.42	0.45	0.48	0.50	0.55	0.60
排距（m）	0.72	0.75	0.80	0.85	1.00	1.20

注：1. 记者席占 2 座 2 排，前排放工作台；
2. 评论员席占 3 座 2 排，前排放工作台；
3. 看台排距指净距，如首末排遇栏杆或靠背后倾有影响应适当放大；
4. 一般观众座椅高度不宜小于 0.35m，且不应超过 0.55m；
5. 座椅应安装牢固，并便于看台清扫，室外座椅还应防止座椅面积水。

（2）FIFA 世界杯等国际赛事座位

举办 FIFA 世界杯等国际赛事场地内座椅应在符合表 5.4–12 所示的数据的基础上，还应满足下列要求：

1）座椅必须是单独的，固定在结构上并且形状舒适，靠背的最小高度为 30cm，以提供支撑。

2）不允许采用“拖拉机式”座椅（仅带有一个小的法兰盘用来表示靠背）。

3）在任何情况下，都不允许使用任何类型的站立观看区域和长凳。

4）座椅应牢不可破,防火并能够承受当前气候的严酷考验而不会过度变质或褪色。

5）VIP 座位应更宽，更舒适，应位于场地中央，并与其余座位区分开。

6）为了获得合理的腿部空间，建议从靠背到靠背的最小距离为 85cm，详见图 5.4–6。

7）座椅的宽度绝对最小宽度应为 45cm，建议最小宽度为 47cm，详见图 5.4–7。

8）所有座位上都应该有一个清晰的视野。在计算视线时，可以在场地周围竖起 90~100cm 高的广告牌，距离接触线 4~5m，在球门中心后 5m 处，以一定角度减小，到角旗附近 3m 处。简化的最低标准应该是场内的所有观众都可以直视前方两排观众的头顶。如图 5.4–8、图 5.4–9 所示。

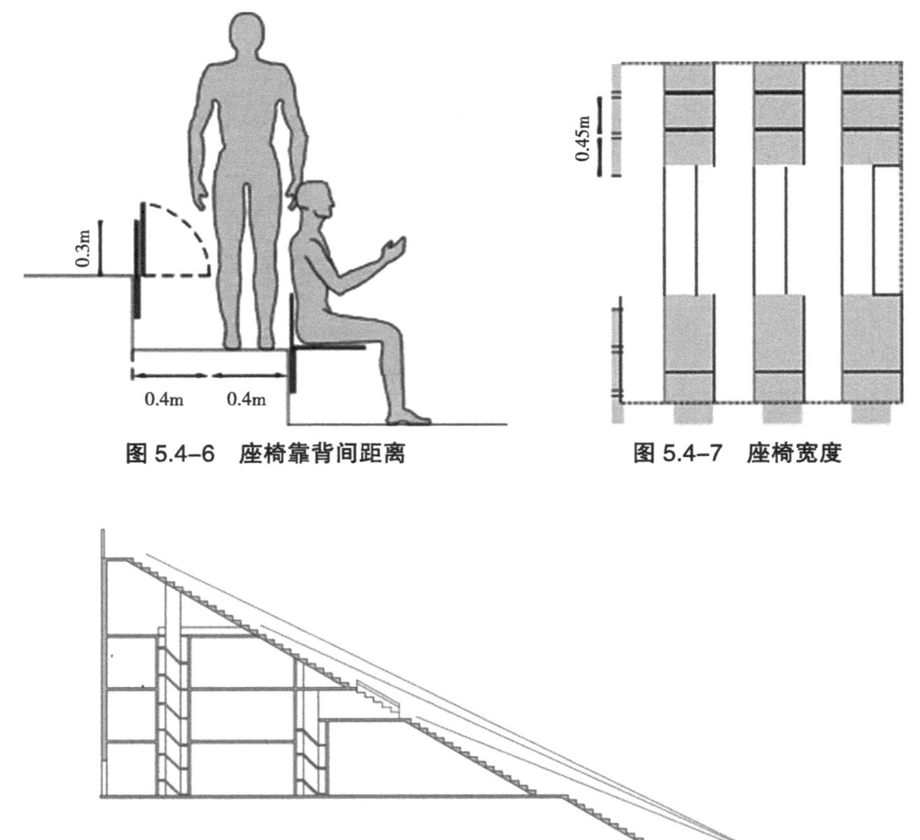

图 5.4–6　座椅靠背间距离

图 5.4–7　座椅宽度

图 5.4–8　座位视线计算图

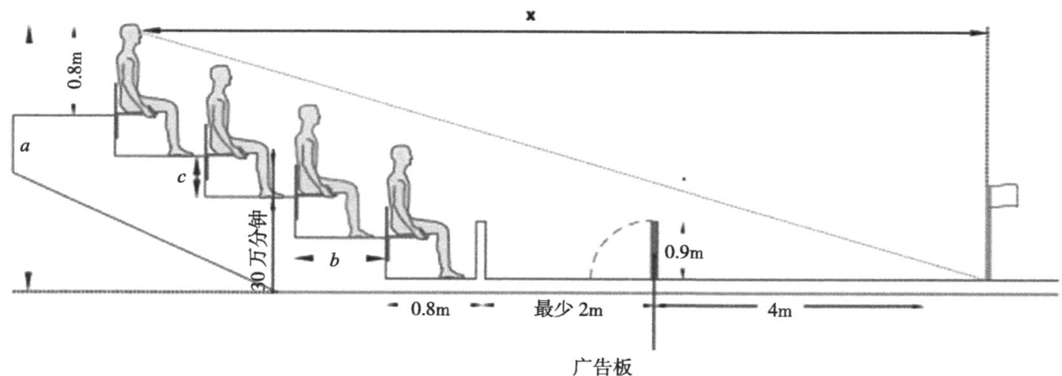

图 5.4–9　座位视线计算简化图

9）座位标识应清晰地显示在通道或过道的末端座椅外侧的位置，例如 B 区 22 排第 9 排座位，观众应该能迅速快捷地找到并通往该座。

2. 洗手间

（1）国内赛事场地洗手间

举办国内赛事的场地内洗手间应符合表 5.4–13~ 表 5.4–15 所示的数据。

观众总厕位指标（个／千席）　　**表 5.4–13**

观众席规模	3000 人以内	3000~10000	10000~20000	20000 人以上
厕位数	10~20	9~11	8~10	7~9

贵宾洗手间厕位指标（厕位 / 人数）　　**表 5.4–14**

贵宾席规模	100 人以内	100~200 人	200~500 人	500 人以上
每一厕位使用人数	20	25	30	35

注：男女比例 1 ： 1，男厕大小便厕位比例 1 ： 2。

观众席洗手间厕位指标（厕位 / 人数）　　**表 5.4–15**

指标项目	男厕			女厕
	大便器（个 /1000 人）	小便器（个 /1000 人）	小便槽（m/1000 人）	大便器（个 /1000 人）
指标	8	20	12	30
标注		二者取一		

注：男女比例 1 ： 1。

除满足上述表内参数外，还应满足下列要求：

1）男女洗手间内均应设残疾人专用便器或单独设置专用厕所。

2）足球场（馆）每一个卫生器具使用人数参见表 5.4–16 选用。

单个卫生器具使用人数　　**表 5.4–16**

<table>
<tr><th colspan="3" rowspan="2">使用对象</th><th colspan="2">大便器</th><th rowspan="2">小便器</th><th rowspan="2">洗脸盆</th><th rowspan="2">淋浴器</th></tr>
<tr><th>男</th><th>女</th></tr>
<tr><td rowspan="4">足球场</td><td colspan="2">运动员</td><td>50</td><td>30</td><td>50</td><td rowspan="4">每 6 个厕位
（大小便器）设 1 个</td><td rowspan="4">20</td></tr>
<tr><td rowspan="3">观众</td><td>小型</td><td>500</td><td>100</td><td>100</td></tr>
<tr><td>中型</td><td>750</td><td>150</td><td>150</td></tr>
<tr><td>大型</td><td>1000</td><td>200</td><td>200</td></tr>
<tr><td rowspan="2">足球场</td><td colspan="2">运动员</td><td>30</td><td>30</td><td>30</td><td rowspan="2">每 6 个厕位
（大小便器）设 1 个</td><td rowspan="2">10~15</td></tr>
<tr><td colspan="2">观众</td><td>100</td><td>50</td><td>50</td></tr>
</table>

注：1. 男女比例按要求确定，一般为 2 ∶ 1。运动员人数按最多人数计算。
2. 足球场规模，20000 人以下为小型，20000~40000 人为中型，40000 人以上为大型。
3. 0.5m 长小便槽可折算成 1 个小便器。
4. 每个卫生间至少设 1 个洗脸盆和 1 个污水池。
5. 运动员更衣室内浴室的淋浴器按每 3 个人设 1 个，但最少不少于 10 个。

（2）FIFA 世界杯等国际赛事场地洗手间

除满足以上国内赛事场地洗手间标准外，还需满足下列要求：

1）必须在场地内的安全范围内为男女和残疾人提供足够的便利设施，应包括充足的清洗设施，干净的水和大量的毛巾和 / 或干手器。

2）洗手间应保持明亮，清洁和卫生。

3）应考虑安装更多的女性洗手间，当预期会有更多男性观众使用时，可以将其转换为男性的临时使用方式，并适当更改标牌。

4）最小洗手间和水槽数量分别为每千名女性 20 个和 7 个洗手间，以及 15 个洗手间和 / 或小便池（大约三分之一为洗手间和三分之二小便池），每 1000 个男性五个洗手池。

5）在 VIP 和 VVIP 区域应增加该比率。

6）为了避免进入和离开厕所的观众之间的拥挤，应该有一个单向通道系统，或者至少要有足够宽的门以允许将通道分为进出通道。

7）整个厕所应考虑由一个单独的厕所和洗手池组成的私人厕所设施，每 5000 名观众中有 1 名的比例，供需要更多帮助的人使用，包括残疾人和幼儿。

3. 销售区

（1）国内赛事场地内销售区

暂无详细要求及标准，依据设计需求，满足建筑设计规范要求即可。

（2）FIFA 世界杯等国际赛事场地内销售区

1）食品和饮料的销售点应干净，吸引人并且容易找到。

2）必须均匀地分布在场馆周围，以便为所有区域提供足够的空间。

3）每 1000 名观众至少应提供 5 个永久销售点，同时也需考虑临时销售点的布置需求。

4）菜单应在远处可见，以便客户可以在到达柜台之前做出决定，菜单板应为灯箱。

5）销售点应通过永久或无线系统接受信用卡。

6）展位上应提供足够的存储空间（尤其是冷藏空间）。饮料产品与足球场容量的理想比率为 150%。

7）食品和饮料，纪念品和比赛计划的卖点应位于排队顾客将对其他观众的流动造成最小障碍的位置。

8）应提供足够数量的废物箱，并在可能的情况下，应提供单独的废物箱以利于回收。

9）当公众在销售区中时，必须有足够的清洁人员。

10）废物箱应足够大且足够多，以在半场处理大量废物。

5.4.1.4　公共区域

1. 广播与屏幕

（1）广播

1）国内赛事场地

广播及声学设计指标应按现行行业标准《体育场馆声学设计及测量规程》JGJ/T 131 的要求取值。有关设施可按现行国家标准《民用建筑电气设计标准》GB 51348 的有关规定执行。

2）FIFA 世界杯等国际赛事场地

除满足国内设计标准之外，还应满足以下几点要求：

①将控制中心设置在场馆控制室中或紧邻场馆控制室的位置，使操作员可以清楚地看到整个赛场；

②能够将声音专门发送给场馆内的各个部门，包括旋转栅栏，内部房间，招待套房和座位区；

③能够自动增加其音量，以确保即使在人群噪声水平突然增加的情况下，观众也始终可以听到声音；

④设置一个超控装置，使场馆管理员在紧急情况下可以切入任何单独的声音；

⑤配备备用紧急电源，以确保系统在出现电源故障的情况下至少连续三个小时保持正常运行；

⑥在有足够资金的情况下，场馆宜考虑安装足球场音响系统，而不是使用更基本、更便宜的公共广播系统。

（2）屏幕

1）国内赛事场地

暂无详细标准，依据设计需求，满足建筑设计规范，同时满足以下几点要求：

①球场 LED 全彩屏应采用高视觉显示技术，使得显示屏显示内容获得更广泛的视角以及更高的刷新率，确保视频显示的质量。

②球场 LED 大屏的控制系统为双系统，其附带的备用系统可以在控制系统发生异常的时候马上切换使用，以保证观众不错过比赛的每个瞬间。

③球场屏的软件可以实现多窗口显示的功能，也就是说可以根据客户的需要在一个屏幕上按区域划分为多个屏幕，不同的区域同时显示不同的内容，包括比赛画面、比赛时间、比赛分数以及赛队队员介绍等不同的内容。

④球场屏的面罩一般使用软面罩，这样可以防止球员在比赛过程中撞击屏体而受到伤害。

2）FIFA 世界杯等国际赛事场地

除满足以上国内要求外，还需满足以下几点要求：

①至少两个屏幕服务于所有区域的观众，为所有观众提供最佳观看，相对直接的画面。

②屏幕位置应在两个斜对角或每个球门后面。可以填充侧面看台和末端看台之间的开放角落空间，也可以位于看台屋顶的顶部或悬挂在看台屋顶上。屏幕不会对观众构成任何风险且观众不可能干扰他们的位置。

（3）无障碍

1）国内赛事场地

场馆内有关无障碍的设计应符合现行国家标准《无障碍设计规范》GB 50763 的有关规定。

2）FIFA 世界杯等国际赛事场地

除满足以上国内有关规定外，还需满足以下几点要求：

①所有场馆均应提供适当的设施，以确保残疾观众的安全和舒适感。应包括：提供良好、通畅的观看设施以及用于轮椅、厕所设施和支持服务的坡道。

②座位位置和门票的选择应有所不同，以使残疾人士享有与非残疾观众相同的机会。

③轮椅使用者应能进入所有区域，包括 VIP、VVIP、媒体、广播和播放器设施及其观看位置，而不会给自己或其他观众带来不便之处。

④残疾观众应该有自己的专用入口。

⑤残疾观众不应被安置在场内的任意位置，一般应安置在开放区域，靠近球场的地方是不可接受的。

⑥使用轮椅的观众的观看平台不应放置在其他观众脚下，或悬挂在他们面前的旗帜、横幅阻碍观赛者视野的位置。同样，残疾观众的位置也不应妨碍坐在他们后面的观众的视线。

⑦每个轮椅位置的侧面都应有一个座位供辅助人员使用，并提供辅助设备的可用电源。

⑧残疾人士专用洗手间应在附近，并应方便使用，休闲设施也应如此。

⑨应咨询专业的无障碍顾问来确定场馆内的设计，以确保它们符合国际公认的标准。

（4）票务与电子门禁

1）国内赛事场地

暂无详细标准，依据设计需求，满足建筑设计规范即可。

2）FIFA 世界杯等国际赛事场地

除满足以上国内有关规定外，还需满足以下几点要求：

①票务管理系统必须支持验证、具有故障安全系统、具有后备解决方案的多阶段应急管理计划的能力、与门禁系统（旋转门）的兼容性和集成性。

②对于 FIFA 世界杯，应该采购一个赛事范围的集成系统，而不是单个足球场馆解决方案。

③票务服务提供商应在活动策划的早期集中采购，并且应成为票务计划制定的一部分。

④ FIFA 鼓励使用开放式网络 IP 系统，例如：具有射频识别（RFID）技术的智能标签票证，带有单个简单存储芯片（该系统用于德国 2006 FIFA 世界杯决赛阶段）；具有条形码技术的无线手持阅读器；手动打印系统，可以按序编号，标有座位分配和票

根的日期在场外出售门票。

5.4.1.5 贵宾区

1. VVIP 区域

（1）国内赛事场地

暂无贵宾区具体要求，依据设计需求，满足体育建筑、场馆设计规范要求即可。

（2）FIFA 世界杯等国际赛事场地

FIF 赛事要求详见表 5.4–17。

FIFA 世界杯等国际赛事场地 VVIP 区域要求　　表 5.4–17

参数	要求	
位置	VIP 区旁	
容量	座位总数由足球场所有者决定，包括一个接待区和休息区	
设备	接待区	25 人餐桌的饭厅，至少 1 台电视
	休息区	$20m^2$ 私人休息区，可举行私人会议
	卫生间	独立厕所

2. VIP 区域

（1）国内赛事场地

暂无贵宾区具体要求，依据设计需求，满足体育建筑、场馆设计规范要求即可。

（2）FIFA 世界杯等国际赛事场地

具体要求详见表 5.4–18，平面布置详见图 5.4–10。

FIFA 世界杯等国际赛事场地 VIP 区域要求　　表 5.4–18

参数	要求	
位置	球员更衣室所在的看台中央，比赛区上方高处，与公共座位分开	
容量	各个比赛的要求不同，但现代足球场应提供至少 300 人的 VIP 座位	
设备	接待区	包括卫生间、电视、电话、休息室设施
	休息室	座位数取决于活动规模

3. 其他要求

临时接待结构的要求：

（1）可行性

可临时搭建并使用。

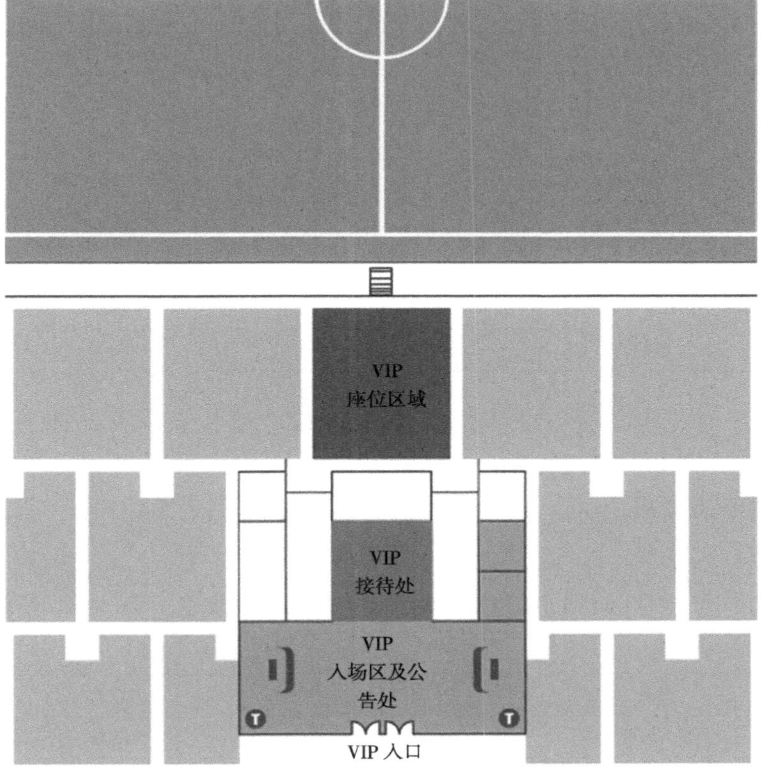

图 5.4–10　VIP 区域平面布置

（2）安全性

接待区应位于足球场安全范围内，由足球场安保负责客户的人身与财产安全。

（3）交通

组织者与供应商可自由出入接待区，无需授权与缴费。应设置充足车位于临时接待区附近。

（4）位置

为减少班车接送额外费用，接待区距离足球场不应超过 300m。

（5）表面积

1）FIFA VIP 休息室

满足每场比赛 500 位宾客需求，每个开幕式及决赛阶段容纳 2000 位宾客。每位客人最小空间为 1m^2（包括厨房区域）。

2）商业伙伴招待场所

总面积应满足 5~5.6m^2/ 人，不同活动的面积需求，详见表 5.4–19。

商业伙伴招待场所不同活动的面积需求　　表 5.4–19

活动	面积（m^2）
开幕式	20000
决赛	35000
半决赛	20000
四分之一决赛	10000
十六分之一决赛	8000
小组赛 / 主队	15000
小组赛	8000

3）商业客户招待场所

总面积应满足 4.6m^2/ 人，不同活动的面积需求，详见表 5.4–20。

商业客户招待场所不同活动的面积需求　　表 5.4–20

活动	面积（m^2）
开幕式	27000
决赛	50000
半决赛	20000
四分之一决赛	10000
十六分之一决赛	9000
小组赛 / 主队	15000
小组赛	5000

（6）电源

所有接待区都需要电源来照明，以及厨房和储藏室、新风、空调、服务 / 清洁设备、电视 / 音频 / 多媒体系统和娱乐。电源可以从供电网接入也可以是发电机提供。每块区域至少一处供电源。

（7）排水

所有接待区都需要供水和排水设备，主要用于厨房和厕所。

（8）通信

所有接待区都将需要使用固定电信线路用于电话、传真和互联网服务。

（9）设备空间

临时接待场地及出入口在投入使用前，应做好场地平整、给水排水设备及安保设备安装。

（10）卫生间

所有临时接待区都应配备厕所。厕所必须具备高标准且易于清洁的系统。位置应安装在靠近贵宾区的每个接待区并位于中央易于找寻的位置。

安装时应满足以下要求：

1）满足卡车靠近厕所进行清洁外排工作的需要；

2）数量满足每 100 人 1 间厕所的需求。

3）与马桶供应商确立清洁合同，确保马桶清洁。

（11）照明

照明需安装在内外部所有地方，确保全覆盖。每 $10m^2$ 达到 80~150W 功率。

（12）电视 / 音频

所有接待区均应配备音频和视频设备及网络。

所需电视机数量：每个私人区域 1 个，商业会员接待区每 50 人 1 个，贵宾区每 100 人 1 个。

（13）临时结构

必须使用高质量的临时结构，诸如重大国际活动使用的临时结构。

（14）空调

所有接待区均需要空调，要求的功率为 0.2kW。

5.4.1.6　媒体区

1. 电视、广播评论区

（1）国内赛事场地

评论席的设计：

1）评论席是广播电视媒体用于评论赛事的重要装置。评论席通常位于场馆内最佳坐席区域，能够方便地全面观察比赛进程，通常评论员席面积为 $3\text{~}4m^2$，占用 4 个普通座席的位置。

2）每个评论席只供一家媒体使用，各场馆应根据举办比赛的级别和对电视转播的需要量，来设置评论员席的数量。

3）各评论席间做声音隔离，避免相互间干扰，但又不能影响视线。建议设置 1~2 个重要用户评论席，面积 $6\text{~}8m^2$。

4）评论席内设备一般有：评论盒 1 部，信息终端 1 台，电话 2 部，电视机 1 台，台灯 1 盏。应根据这些设备要求，设置相应的设备连接端口。

（2）FIFA 世界杯等国际赛事场地

FIFA 赛事具体要求详见表 5.4–21。

FIFA 世界杯等国际赛事场地评论席要求　　表 5.4–21

参数	要求
数量	≥ 5 个电视评论位置；≥ 5 个广播评论位置
位置	中央主看台且与主摄像头位置同侧，上部遮蔽但不是室内
容量	50~90 个评论席位
设备	每个席位包括 1 个电话插头及 2 个电源插头

2. 电视演播室

（1）国内赛事场地

根据体育赛事规模、等级及电视转播的要求，确定电视转播和现场评论系统。例如，根据赛事情况确定摄像机的位置、类型和数量，评论员席的位置和数量等。

1）通常电视转播是通过停在场馆外的电视转播车来完成的，在场馆内设置一个电视转播机房，为电视转播车提供电力供应、通信连接以及为场馆内电视转播电缆进出场馆的连接通道服务。

2）电视转播机房提供语音通信插座、电源插座、计算机网络插座，同时非常重要的是要预留电视转播机房和场馆内电信机房间的单模光缆通信接口，以便经编辑完成后的电视信号可以通过通信光缆转送到当地电视台，供电视转播使用。

3）电视转播机房应和场馆内的电视转播缆沟连通，同时还要和电视转播车辆的停车位通过缆沟进行连通。

4）预留音视频矩阵，为电视转播提供接口。

（2）FIFA 世界杯等国际赛事场地

FIFA 赛事具体要求详见表 5.4–22。

FIFA 世界杯等国际赛事场地电视演播室要求　　表 5.4–22

参数	要求
位置	相同距离到教练席与更衣室
数量	3~4 个
面积	≥ $25m^2$
高度	≥ 4m
设备	每个席位包括 1 个电话插头及 2 个电源插头

3. 足球场媒体中心

（1）国内赛事场地

媒体中心是现场报道记者（包括文字记者、摄影记者、电视记者等）的休息区域以及媒体看台区。

现场记者区一般要求入口处设出入检验通道，区内设有信息查询终端，并提供语音通信、数据通信、有线电视、资料打印复印等服务。

（2）FIFA 世界杯等国际赛事场地

足球场媒体中心容量应基于入场媒体数量。例如，对于具有 600 个新闻媒体评论位置的比赛，应设置大约 200 个位置。

工作室分为两个区域：自助餐厅与办公区，办公区应设置办公桌、电源、电话。建议提供一个综合办公室，提供出行、交通以及财务工作。

媒体中心应该具备以下区域：

1）接待台；

2）价目表；

3）新闻发布区；

4）相机维修服务；

5）复印和传真服务；

6）自助餐厅；

7）主办城市问讯处；

8）新闻工作区；

9）摄影工作区；

10）储物柜；

11）两个售票处（1 个供摄影师使用，1 个供印刷记者证使用）。

同时确保媒体中心有足够的空间来分发票证，并有足够的排队空间，队列不应阻塞入口。

4. 新闻发布室

（1）国内赛事场地

面积要求 150m^2 以上，整洁、明亮；

室内预留背景板位置，背景板前平排设置 5 个新闻发布席位，迎面设置 50 个以上记者席位，记者席后用隔离护带隔开，设置 5 台以上电视摄像机位，备留多处电源；

室内安装若干处传声、录音设备，准备机动使用的隔离护带。

（2）FIFA 世界杯等国际赛事场地

FIFA 赛事具体要求详见表 5.4–23。

FIFA 世界杯等国际赛事场地新闻发布室要求　　表 5.4–23

参数	要求
面积	≥ 100m^2
容量	100 个记者席
设备	音频系统

新闻发布室应满足以下要求：

1）在房间靠近更衣室的一端，应设置一个发言平台，供教练、球员、官员、口译官使用。

2）发言区背景应设置得轻松可适应。

3）在发言区对面，应设置一个讲台，以允许至少 10 台摄影机与三脚架。配置集中式分线盒，以收容数量过多的麦克风数据线。同时应安装专业音响以消除电视、广播的杂音。

4）更衣室与新闻发布室应通行无阻。

5）新闻发布室应设计成剧院风格，每排座位略微抬高并在前排之上。

6）对于大型比赛，应提供三个同声传译席位。

5. 混合区

（1）国内赛事场地

混合区是各媒体记者对比赛运动员进行比赛现场共同采访的区域。

场馆需设立一个混合区，大小面积依该场馆赛事规模确定。

混合区设立在运动员出入赛场必经之路。该区域能够满足摄影、摄像的灯光照明，同时应设有电视转播缆沟，以满足电视转播的需要。

（2）FIFA 世界杯等国际赛事场地

FIFA 赛事具体要求详见表 5.4–24。

FIFA 世界杯等国际赛事场地混合区要求　　表 5.4–24

参数	要求
面积	≥ 200m^2
容量	250 名媒体人员

混合区应满足以下要求：

1）球员更衣室与大巴上车区之间应提供一个较大的空白区域作为混合区。

2）可以容纳约 250 名媒体人员的空间，并且禁止公众入内。

3）混合区应设置遮盖物或者顶棚，遮盖主要区域。

4）对于大型比赛，混合区应与媒体区分开，在比赛日可用于其他目的。

6. 摄影师设施区

（1）国内赛事场地

暂无摄影师设施区具体要求，依据设计需求，满足体育建筑、场馆设计规范要求即可。

（2）FIFA 世界杯等国际赛事场地

FIFA 具体要求详见表 5.4–25。

FIFA 世界杯等国际赛事场地摄影师设施区要求　　表 5.4–25

参数	要求
位置	适合停车与设备下车的地点
设备	大型储物间、足够的电源和适配器、休闲设施

7. 转播基础设施要求

（1）国内赛事场地

电视转播系统的前端信号源主要指摄像机机位的布置，一般分为主播摄像机机位和其他摄像机机位。

1）主播摄像机机位

①主播摄像机用于国内信号的电视制作系统。

②主播摄像机机位是在比赛场地或观众席内放置摄像机的位置，一般主要分布在赛场、观众席、运动员入口、混合区等区域。

③位于观众区域的机位一般应设置平台，对于重要场馆，应设置部分永久平台，其他可设置临时平台。

④平台应略有高度，视线内不应有任何遮挡物，同时也应尽量减少对观众的影响，平台面积应不小于 2m × 2m，以方便摄像师的工作。

⑤比赛场地周边的机位依具体情况，应设置临时平台或使用三角轮。在赛场和观众席顶部，宜架设快速移动轨道、索道、吊缆摄像机。

2）其他摄像机机位

①其他摄像机机位是提供给国内外媒体、关键用户等广播者用于拍摄现场架设摄像机的位置，一般主要分布在赛场、观众席、运动员入口、混合区等区域。

②位于观众区域的机位一般应设置平台，比赛场地周边的机位依具体情况而定。其他摄像机机位平台均为临时性平台，平台的设置要求同主摄像机位的要求。

3）摄像机机位的设置

①不同的比赛项目对电视转播机位的要求不同，应根据比赛项目对电视转播工艺的要求来设置电视机位。

②摄像机位的设置应保证其所需拍摄的场地的灯光照明满足规范要求。

（2）FIFA 世界杯等国际赛事场地

要求提供便捷通道以便设备搬运，以及充足电力供应设备运行。

1）多边覆盖机位

①摄像机应远离公众区域，中央支架的主摄像头必须位于中线与最近边线的交点。

②多边摄像机的具体位置由主播机构现场勘查决定。

③摄像机必须背对太阳，以提供不受阻碍的整体球场视野。

④评论员位置位于广告板同一侧。

⑤每个摄像机都需要 2m × 3m 的空间。

⑥球门摄像机应设置在球门后方纵轴中心线上，其高度应与地面偏差在 12°~15°，确保可以看清罚球。

⑦根据比赛重要性，每 3~6 人间隔沿边线设置摄像机。

2）单边覆盖机位

①在主看台和球门后方应设置单边摄像机及国际转播机位。

②单边摄像机不得影响球门后方的广告牌。

③每个摄像机位需要 2m × 2m 的空间。

④单边摄像机的具体位置由主办方和广告公司决定。

8. 签到区

（1）国内赛事场地

暂无签到区具体要求，依据设计需求，满足体育建筑、场馆设计规范要求即可。

（2）FIFA 世界杯等国际赛事场地

可以设置一个相对较小的区域，甚至只是一张桌子，但前提是如果排队的话不能构成障碍。

5.4.2　人流动线设计

5.4.2.1　人流动线设计的种类

1. 观众流线

观众流线是专业足球场的主要人流动线。观众经检票口进入观众休息厅后进入观众区。

流线图如图 5.4–11 所示。

2. 贵宾流线

贵宾流线是提供给 VIP/VVIP 观众的人流动线。贵宾观众经过单独的出入口进入休息厅，然后再进入到观众区的贵宾区域。

流线图如图 5.4–12 所示。

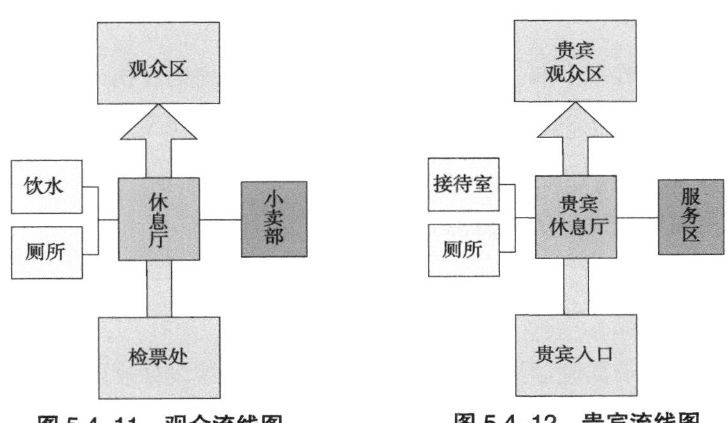

图 5.4–11　观众流线图　　**图 5.4–12　贵宾流线图**

3. 运动员流线

运动员流线是提供给运动员进出场专用的人流动线。运动员经入口进入运动员休息室、更衣室、练习场地再到检录处，然后进入到比赛场地。

流线图如图 5.4–13 所示。

4. 办公 / 管理流线

办公 / 管理流线是提供给工作人员的人流动线。此动线在平面上应方便进入全馆各个分区。

流线图如图 5.4–14 所示。

5. 消防 / 应急疏散流线

此流线主要用于疏散人流的动线。一般专业足球场因观众区疏散口布置位置不同而主要有以下两种方式：

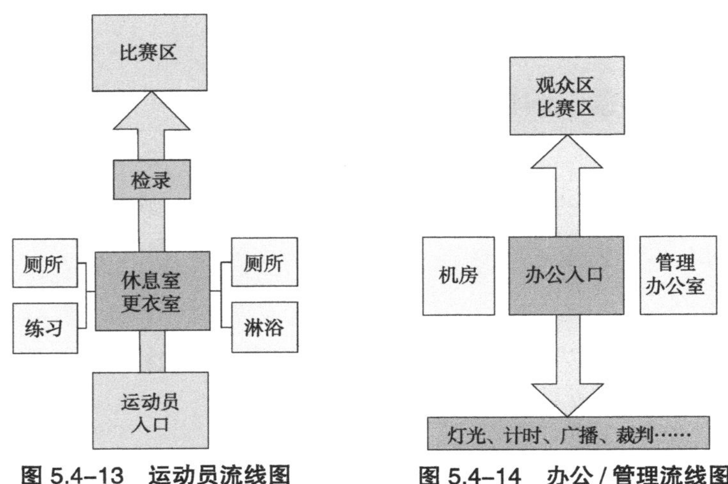

图 5.4–13　运动员流线图　　图 5.4–14　办公 / 管理流线图

疏散口或通道在看台中部，此法普遍，优点是布点均匀，出入方便；

疏散口设置在看台下部，优点是观众不满场时，能就近进入前排座位，但是从前面进出时对观看有干扰。

5.4.2.2　人流动线设计的关键点

1. 标示标牌

（1）国内赛事场地

暂无具体要求，依据设计需求，满足体育建筑、场馆设计规范要求即可。

（2）FIFA 世界杯等国际赛事场地

1）足球场内外的所有方向指示牌均应采用国际上可以理解的指示牌，并采用国际通用语言标识。

2）在足球场引道，足球场周围以及整个足球场应提供清晰、全面的路标，以显示通往不同部门的路线。

3）应提供醒目的标牌，将观众引导到洗手间、小卖部、零售店、出口和其他客户服务处。

4）门票应清楚地标明已签发座位的位置。门票上的信息应与足球场内外的路标上提供的信息相关。门票的颜色编码将有助于进入过程。保留的票根中应包含引导观众入场的信息。

5）应当提供大型的围墙地图，以指导观众。

6）为了使新观众和参观者受益，足球场的每个区域都应在外部流通区设有客户服务和问讯处。

2. 出入口

（1）国内赛事场地

暂无具体要求，依据设计需求，满足体育建筑、场馆设计规范要求即可。

（2）FIFA 世界杯等国际赛事场地

1）足球场应被距足球场一定距离的外围围栏包围。

2）在这个外围栏，将进行首次安全检查，并在必要时进行身体搜查。第二次检查将在足球场旋转门进行。流线可参考图 5.4–15。

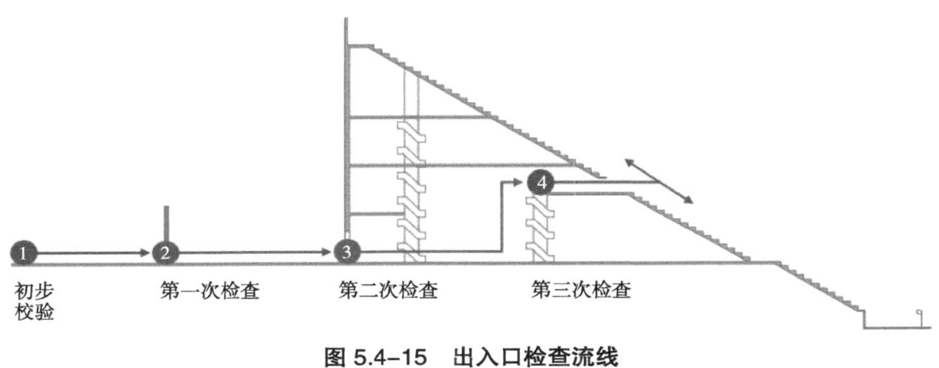

图 5.4–15　出入口检查流线

3）外围围栏和足球场旋转门之间应有足够的空间，以允许观众自由移动。空间尺寸由地方当局确定。

4）紧靠出口处可用的流通空间必须足以确保观众在发生踩踏事件时不会被压倒，并能够使比赛保持舒适。

5）设计成将观众分别朝入口点集中的屏障系统来保证疏散的安全。

6）足球场内外的公共设施，如洗手间和休闲吧，不应靠近旋转栅栏或进出路线。

3. 停车场

（1）国内赛事场地

暂无具体要求，依据设计需求，满足体育建筑、场馆设计规范要求即可。

（2）FIFA 世界杯等国际赛事场地

1）所有停车位都应在现场，以便观众直接进入足球场。

2）足球场周围的停车场必须灯火通明，路标清晰，并标有编号或字母。

3）对于容量为 60000 的足球场，应提供 10000 辆汽车的停车位。应提供单独的巴士停车位。对于有 60000 个座位的足球场，应为大约 500 辆公共汽车提供停车位。

4）必须确保停车场的进出通道畅通无阻，并提供通往最近高速公路的直接路线。

5）停车场和公交车站的位置应使两个球队的支持者可以有单独的停车设施。如果无法提供足够的现场公共停车位，则应在距足球场不超过 1500m 的地方提供停车位。

6）必须与地方主管部门讨论公共停车策略，同时要考虑公共交通系统以及在足球场附近可能提供多层停车场的可能性。

7）代客停车是营销计划中特别重要的组成部分。在足球场附近有足够的停车位，以容纳已分配了票数的 VIP 持票人是至关重要的。

8）在贵宾入口附近且与公共停车场分开的地方，应有足够的停车位供贵宾使用的公共汽车和汽车。这些车辆应优先停放在足球场内。

9）应至少有两辆巴士和八辆汽车的停车位提供给球队，比赛官员和足球场员工的停车位。它应该在足球场内，更衣室外，并与公众隔离。运动员和比赛官员应能够下车，并直接进入更衣室，而无需与公众接触。应当为从事服务的工作人员使用的所有车辆提供足够的停车位，例如保安和安全人员、门卫、乘务员和宴会人员。

4. 媒体入口

（1）国内赛事场地

暂无具体要求，依据设计需求，满足体育建筑、场馆设计规范要求即可。

（2）FIFA 世界杯等国际赛事场地

1）在足球场周边应有专门的媒体入口，设有接待处或会议室，可以收集较晚的鉴定 / 媒体信息包。该区域应不超过 $30m^2$。携带重型相机设备的摄影师应特别考虑。应该为他们预留停车位，使其尽可能靠近入口点和 / 或应该指定一个下车点，以便他们可以从车辆上卸下设备。

2）媒体工作室、新闻发布室、新闻发布会会议室、电视和广播评论位置、混合区和比赛场地等各个媒体工作区之间应易于流通。必须考虑选择表面材料，以便可以轻松地在各个介质区域之间运输介质设备。对于所有媒体代表，应在距公共工作区尽可能近的地方提供与公共停车区分开的停车场。

3）应指定一个区域用于外部广播（OB）货车。为电视公司用来进行其外部广播的卡车提供充足的停车位。对于大型决赛，这可能需要 $3000\sim5000m^2$ 的空间。应该靠近足球场以避免布线问题。OB 货车区域应固定或容易固定，并应配备备用电源。

4）应该为卫星上行链路车辆（可移动地球站）保留一个区域。该区域应在开放式区域内，与 OB 货车区域相邻，并且对北半球的南部地平线和南半球的北部地平线一览无余。该区域应使用与 OB 货车区域相同的电源供电。

5. 应急服务及残疾人观众服务

（1）国内赛事场地

暂无具体要求，依据设计需求，满足体育建筑、场馆设计规范要求即可。

（2）FIFA 世界杯等国际赛事场地

必须在足球场附近或足球场内提供停车设施，以供警用车辆、消防车、救护车和其他紧急服务车辆以及残障观众使用。这些停车位必须以这样的方式布置，即它们提供往返于足球场的直接、不受限制的路线，该路线与公共通道分开。

6. 直升机停机坪

（1）国内赛事场地

暂无具体要求，依据设计需求，满足体育建筑、场馆设计规范要求即可。

（2）FIFA 世界杯等国际赛事场地

足球场附近应有足够大的净空区域，可以用作直升机降落场。

5.4.3　场地尺寸

5.4.3.1　比赛场地尺寸

比赛场地尺寸详见表 5.4–26。

比赛场地尺寸　　表 5.4–26

类别	使用性质	长（m）	宽（m）
标准足球场	一般性比赛	90~120	45~90
	国际性比赛	100~110	64~75
	国际标准场	105	68
	专用足球场	105	68
非标准足球场	业余训练和比赛	根据具体条件制定场地尺寸，但任何情况下长度均应大于宽度	

FIFA 世界杯、联盟冠军赛场地：长度为 105m，宽度为 68m。

对于所有顶级职业比赛以及进行大型国际的比赛，比赛场地的尺寸应为 105m × 68m。并且比赛场地上应标明准确的标记。

新建足球场若要承办上述国际赛事，应具备 105m × 68m 的比赛区。

5.4.3.2　辅助区尺寸

足球场四周应设置的辅助区，作为运动员跑动时速度上的缓冲带，同时也是双方教练员指挥作战、换人区、替补球员休息的区域。具体要求如表 5.4–27 所示。

辅助区尺寸要求　　表 5.4–27

类别	球门线摄像人员限制线			替补队员教练席距边线（m）
	距角旗（m）	距球门区线与端线交点（m）	距门柱（m）	
标准足球场	≥ 2.0	≥ 3.5	≥ 6.0	≥ 5.0
非标准足球场	不限			

注：1. 当比赛场地周围有其他材料的通道时，交接处必须平整；
2. 场地及其周围不应有任何可能伤及运动员和工作人员的潜在危险物。

1. 国内赛事场地

暂无具体要求，按照表 5.4–27 各参数控制。

2. FIFA 世界杯等国际赛事场地

建议两侧的最小距离为 8.5m，两端的最小距离为 10m。

5.4.3.3　草坪延展区尺寸

草坪延展区尺寸详见表 5.4–28。

草坪延展区尺寸要求　　表 5.4–28

类别	草坪延展区	
	线外（m）	端线外（m）
标准足球场	≥ 1.5	≥ 2.0
非标准足球场	≥ 1.5	

注：1. 当比赛场地周围有其他材料的通道时，交接处必须平整；
2. 场地及其周围不应有任何可能伤及运动员和工作人员的潜在危险物。

1. 国内赛事场地

暂无具体要求，按照表 5.4–28 各参数控制。

2. FIFA 世界杯等国际赛事场地

在国际比赛场地中，对于草坪延展区的尺寸有以下规定：

在该区域中，草坪区外边线至少距离边线或接触线 5m，距离球门线至少 5m，且在转弯标志附近以 3m 为半径减小到 3m，其表面材料必须与比赛区相同。

5.4.4　体育工艺

5.4.4.1　草坪

目前世界上的足球场草坪主要分为以下三类：天然草坪、人造草坪及天然人造混合系统草坪。

1. 天然草坪

天然草坪足球场是采用天然真草作为铺设材料。目前主流采用的天然草种类及其特点见表 5.4–29。

天然草种类及其特点　　表 5.4–29

序号	种类	季型	耐踩踏性	再生能力	特点
1	早熟禾	冷季型	强	很好	良好的再生性和适应性
2	高羊茅	冷季型	强	很好	适合土壤非常差的场地，管理简单
3	狗牙根	暖季型	强	很好	生长速度非常的快
4	结缕草	冷季型	强	很好	草叶硬绿期短
5	剪股颖草	冷季型	强	很好	低矮耐修剪，生长速度非常的快
6	假俭草	冷季型	强	很好	低养护管理获得高质量
7	地毯草	暖季型	强	好	根有固土作用
8	黑麦草	冷季型	强	好	高尔夫球道常用草

（1）国内赛事场地

按照以下各参数控制：

1）足球场天然草种植须符合足球场地天然草面层要求——《天然材料体育场地使用要求及检验方法 第 1 部分：足球场地天然草面层》GB/T 19995.1—2005 的技术要求。

2）表面硬度：合格值应为 10~100，最佳值应为 20~80。

3）牵引力系数：合格值应为 1.0~1.8，最佳值应为 1.2~1.4。

4）球反弹率：足球垂直自由落向场地表面后反弹的高度与开始下落高度的百分比。合格值应为 15% ~55%，最佳值应为 20%~50%。

5）球滚动距离：合格值应为 2~14m，最佳值应为 4~12m。

6）场地坡度：合格值应不大于 0.5%，最佳值不大于 0.3%。

7）平整度：草坪场地表面凹凸的程度。3m 长度范围内任意两点相对高差，其合格值不大于 30mm，最佳值不大于 20mm。

8）茎密度：单位面积内向上生长茎的数量，合格值应为 1.5~4 枚 /cm^2，最佳值应为 2~3 枚 /cm^2。

9）均一性要求：草坪颜色无明显差异；目测看不到裸地；杂草数量（向上生长茎

的数）小于0.05%；目测没有明显病害特征；目测没有明显虫害特征。五项分数的总和代表均一性，分值应≥15分。单项得分应≥3分。

10）根系层渗水速率：采用圆筒法合格值应为0.4~1.2mm/min，最佳值应为0.6~1.0mm/min。采用实验室法合格值应为1.0~4.2mm/min，最佳值应为2.5~3.0mm/min。同一场地应采用一种检测方法，当检测结果有分歧时以实验室检测法为准。

11）渗水层渗水速率：实验室法应大于3.0mm/min。

12）有机质及营养供给：根系层要求应有足够的有机质及氮（N）、磷（P）、钾（K）、镁（Mg）等。

13）环境保护要求：不应使用带有危险的或是散发对人、土壤、水、空气有危害污染的物质或材料。

14）叶宽度：叶宽度宜不大于6mm，可根据各地区具体情况，选择合适的草种。

15）基础构造和给水排水系统按照设计图纸施工。

16）选用的草种应是适合本地区生长的暖季型足球场专用草种。

17）配备2台足球场天然草坪专用剪草机。

18）草坪喷灌系统能够同时满足城市供水系统和自备井两个系统使用。在场地内要建设有自备井，自备井的位置和数量要进行科学合理计算后确定。同时，要根据本地区的水质合理配置喷灌网和自动控制系统。

19）每年7月、8月、9月天然草坪应控制在最佳状态。

（2）FIFA世界杯等国际赛事场地

同国内各参数控制。

2. 天然人造混合系统草坪

（1）国内赛事场地

按照以下各参数控制：

1）天然草比例：人造草与天然草混合草坪中天然草比例应为60%~70%。

2）表面硬度：合格值应为10~100，最佳为20~80。

3）牵引力系数：合格值应为1.0~1.8，最佳值应为1.2~1.4。

4）球反弹率：足球垂直自由落向场地表面后反弹的高度与开始下落高度的百分比。合格值应为15%~55%，最佳值应为20%~50%。

5）球滚动距离：合格值应为2~14m。

6）场地坡度：合格值应不大于0.5%，最佳值不大于0.3%。

7）平整度：混合草坪场地表面凹凸的程度。3m长度范围内任意两点相对高差，其合格值不大于 30mm，最佳值不大于 20mm。

8）茎密度：单位面积内天然草向上生长茎的数量，合格值应为 1.5~4 枚 /cm^2，最佳值应为 2~3 枚 /cm^2。

9）均一性：要求草坪颜色无明显差异；目测看不到裸地；杂草数量（向上生长茎的数）小于 0.05%；目测没有明显病害特征；目测没有明显虫害特征。五项分数的总和代表均一性，分值应≥ 15 分，单项得分应≥ 3 分。

10）根系层渗水速率：采用圆桶法合格值应为 0.4~1.2mm/min，最佳值应为 0.6~1.0mm/min。采用实验室法合格值应为 1.0~4.2mm/min，最佳值应为 2.5~3.0mm/min。同一场地应采用一种检测方法，当检测结果有分歧时应以实验室检测法为准。

11）渗水层渗水速率：实验室法应大于 3.0mm/min。

12）有机质及营养供给：根系层要求应有足够的有机质及氮（N）、磷（P）、钾（K）、镁（Mg）等。

13）环境保护要求：不应使用有危险的或是散发对人、土壤、水、空气有危害的物质或材料。

14）叶宽度：混合草坪中人造草和天然草的叶宽度宜不大于 6mm，其中天然草可根据各地区具体情况，选择合适的草种。

根据不同等级，所对应的草坪适用范围详见表 5.4–30。

不同等级草坪适用范围　　表 5.4–30

级别	适用范例
一级	世界杯、国际锦标赛、奥林匹克运动会及国家级足球竞赛
二级	省级、地区级足球竞赛
三级	教学及群众性休闲活动等

一级场地：满足上述所有条件。

二级场地：满足上述所有条件。

三级场地：满足 2）、3）、7）、10）、12）、13）条。

（2）FIFA 世界杯等国际赛事场地

除满足以上国内赛事场地洗手间标准外，还需满足下列要求：

1）如果要使用人造草皮球场举办国际足球比赛，则必须对人造草皮表面进行认证，满足《FIFA 质量概念》手册中人造草皮的质量要求。

2）排水应考虑两个层次：人造草坪（地面以上）和下部结构。还应考虑到周围地区积水。人造草皮的垂直排水取决于下层织物中穿孔的渗透性（每平方米）。

3）人造草皮上的水水平排入排水沟，排水沟又排入下部结构中的管道系统，这些系统与污水处理系统相连，应该建造竖井以监测排水情况。

4）洒水装置应放置在运动场或人造草皮表面之外。除了自动洒水器外，还可以安装便携式洒水器。

5）地下管道（用于电视等）应安装在比赛表面之外。

5.4.4.2 体育照明

1. 水平均匀度

（1）国内赛事场地

暂无具体要求，依据设计需求，满足体育建筑、场馆设计规范要求即可。

（2）FIFA 世界杯等国际赛事场地

水平照度是光到达赛场表面上方 1m 处的水平面的亮度。横跨运动场的 10m × 10m 网格用作收集这些测量值并计算运动场上最大 / 最小 / 平均照度的基础。

2. 色温

（1）国内赛事场地

暂无具体要求，依据设计需求，满足体育建筑、场馆设计规范要求即可。

（2）FIFA 世界杯等国际赛事场地

对于所有类别的比赛，室外足球场的可接受色温为 Tk 4000。

3. 显色性

（1）国内赛事场地

暂无具体要求，依据设计需求，满足体育建筑、场馆设计规范要求即可。

（2）FIFA 世界杯等国际赛事场地

显色性是人造照明源再现自然光的能力。显色实用比例为 Ra20~Ra100，等级越高，色彩质量越好。对于电视和非电视转播，人造照明系统产生的良好颜色应为 Ra65。

4. 电视转播照明要求

（1）国内赛事场地

暂无具体要求，依据设计需求，满足体育建筑、场馆设计规范要求即可。

（2）FIFA 世界杯等国际赛事场地

FIFA 赛事要求详见表 5.4–31。

FIFA 世界杯等国际赛事场地电视转播照明要求　　表 5.4–31

分类		垂直照度			水平照度			灯的特性	
		电子凸轮		均匀度	照度	均匀度		色温	显色性
类	计算向	lx	U1	U2	lx	U1	U2	k	镭
V 级国际	固定相机	2400	0.5	0.7	3500	0.6	0.8	> 4000	≥ 65
	现场摄像机（俯仰水平）	1800	0.4	0.65					
V 级国标	固定相机	2000	0.5	0.65	2500	0.6	0.8	> 4000	≥ 65
	现场摄像机（俯仰）	1400	0.35	0.6					

注：1. 垂直照度是指朝向固定或野外摄像机位置的照度。

2. 可以在逐个摄像机的基础上评估现场摄像机的垂直照度均匀性，并将考虑与该标准的差异。

3. 指示的所有照度值均为维持值。维护系数建议 0.7；因此，初始值约为上述值的 1.4 倍。

4. 在所有级别中，球员在场上的眩光等级为 GR50 主视角。当满足球员视角时，满足眩光等级。 恒定照明灯技术是可以接受和鼓励的。

5. 非电视转播照明要求

（1）国内赛事场地

暂无具体要求，依据设计需求，满足体育建筑、场馆设计规范要求即可。

（2）FIFA 世界杯等国际赛事场地

FIFA 赛事要求详见表 5.4–32。

FIFA 世界杯等国际赛事场地非电视转播照明要求　　表 5.4–32

活动水平	水平照度	均匀度	红色温	灯色渲染
类别	Eh ave（lx）	U2	k	镭
三级全运会	750	0.7	> 4000	≥ 65
二级联赛和俱乐部	500	0.6	> 4000	≥ 65
I 级培训和娱乐	200	0.5	> 4000	≥ 65

注：1. 指示的所有照度值均为维持值。

2. 建议维护系数为 0.70。因此，初始值约为上述值的 1.4 倍。

3. 照度均匀度每 10m 不得超过 30%。

4. 球员视角必须没有直射眩光。当满足球员视角时，满足眩光等级。

5.5 工程施工阶段设计管理

5.5.1 设计变更管理

控制设计变更。设计单位要认真做好图纸的审查工作，减少图纸中的错漏现象，使设计阶段的施工图预算更为准确。图纸本身不完善或设计深度不够，将导致在施工阶段的设计变更增加，从而导致工程造价增加。设计单位要提高设计深度，完善设计图纸应注意：在设计阶段确定建筑的最终方案，避免在施工阶段提出更改；加强设计的前期准备工作，如勘察、钻探等；选择合适的设计单位，合理的设计费用；对因设计单位的原因造成设计变更而产生的投资失控，明确其应承担的责任。

5.5.2 设计交底、图纸会审管理

施工图设计文件技术交底由设计管理单位组织设计单位、工程管理部、成本管理部等部门进行，其具体的管理流程如下。

1. 要求设计单位做好技术交底的书面准备，内容应包括：设计思想、设计意图的介绍；新结构、新材料、新工艺的具体技术要求；重要结构部位（钢结构、幕墙、深基坑等）、易被施工过程忽视的问题、施工质量的特殊要求。

2. 设计管理单位组织相关部门由设计单位向工程管理部、成本管理部对施工图进行技术交底，说明设计思路和要点并形成技术交底纪要。

3. 设计管理单位负责组织设计单位、施工单位、监理单位对施工图进行会审，明确施工组织要求和解答相关问题，并填写施工图会审意见表。

4. 施工图电子文件由设计管理单位存档备案。

第 6 章 专业足球场工程施工阶段咨询

6.1 工程施工阶段目标

工程施工质量是指根据施工合同约定，同时满足行业法律规定、技术规范和标准的施工达到的状态和水平。ISO 9000 质量认证系统给出了工程质量控制的定义：即它属于质量管理内容，旨在提高工程质量水平。工程项目作为一种特殊社会产品，它不仅具有普通产品具有的质量属性，例如安全性、稳定性、经济性等，还包括实用性、持久性、可靠性及环境和谐性等专有特性。

工程施工质量管理应贯穿在整个项目施工过程中。每个施工环节都涉及质量管理工作，通过加强所有施工环节的质量管理，可将影响产品质量的所有环节都有效控制，持续提供符合规定要求的产品才能得到保障。工程施工阶段的质量控制，主要工作是加强对施工单位的质量监督，通过比较施工设计要求和实际施工效果，来找出质量问题，并及时提出整改措施。

专业足球场工程施工质量控制目标应围绕项目设计、定位、功能目标进行策划，应能够达到同时兼具赛事运行、教学训练、商业运营、全民健身等功能需求。具体到施工阶段来讲，即专业足球场工程的施工质量目标应为严格满足最终使用方对于建筑的适用性要求、运营维护便捷性要求及与建设区域周边环境的适应性要求等。质量控制严格按规范标准和建设单位质量管理体系要求运行，在满足各强制性规范的前提下，所有分部工程质量全部合格，所有质量保证资料及相关档案齐全。

在确定质量目标后，应对目标进行分解划分。施工过程中应落实各级人员的质量责任，分解目标。项目建设五方责任主体，承担终身责任，应对质量工作进行缜密的策划，制定各个单位工程的质量目标，并围绕质量目标提高各级人员质量管理意识。

对于确定有具体质量目标的工程，必须由施工单位制定相关的质量保证的方案策划，明确其实现质量目标相关的专业队伍素质、周转材料、设备、技术措施。在实施过程中，对施工单位的各项投入应及时进行检查，贯彻“以投入保证质量”的理念，确保施工单位落实质量控制工作。在施工过程中，还应不断进行总结提升，对现场在质量管理过程中遇到的问题，应及时进行分析，查找原因，明确整改措施，并在下一个阶段工作中落实。

6.2 工程施工阶段质量控制

6.2.1 施工质量控制工作内容

工程施工阶段质量控制主要内容如图 6.2–1 所示。

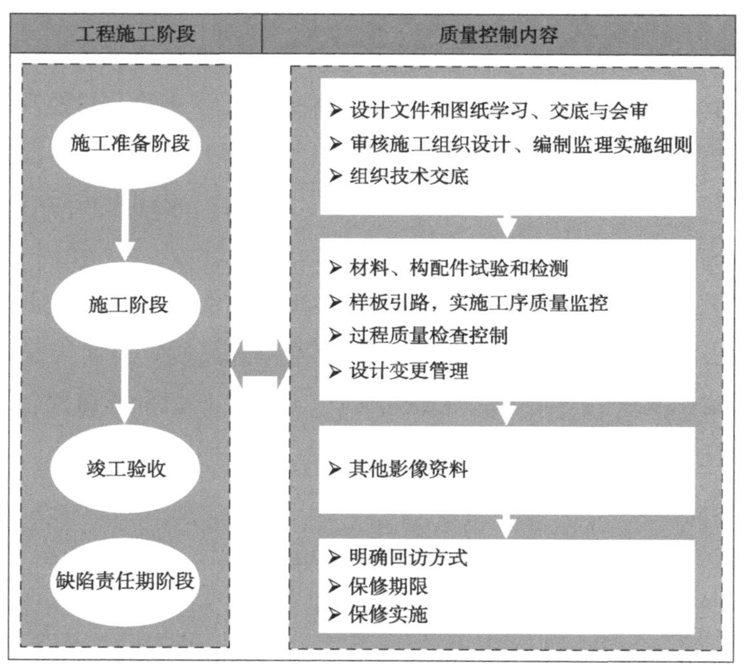

图 6.2–1　工程施工阶段质量控制内容

6.2.2 质量控制工作方法

施工质量控制是施工阶段的重点和关键环节，应严格按照质量标准、设计文件和审核批准的施工组织设计方案进行各质量环节的把关，并对形成质量的诸因素进行检测、核验，对差异提出调整、纠正措施的监督管理。采取的主要质量控制方法见表 6.2–1。

施工质量控制方法　　表 6.2–1

质量控制方法	
审查	（1）方案：施工组织设计、专项施工方案； （2）资质：施工单位关键管理岗位人员资质、特殊工种人员资质、分包单位资质以及主要材料供应商和试验检测单位资质； （3）体系：施工现场质量管理体系； （4）变更：施工图、施工更改及设计变更
复核	（1）坐标控制点、标高控制点以及现场测量保护桩点； （2）结构各层轴线及标高； （3）土建结构和钢结构之间的变形协调等 
旁站	 （1）涉及结构安全的重点施工部位和隐蔽工程（桩基、地基基础、主体结构等）； （2）影响工程质量的特殊过程和关键工序等
见证	（1）对工程材料 / 构配件 / 设备按验收规范需进行现场取样复验的； （2）对涉及建设工程结构安全工程质量验收的试块、试件； （3）对涉及建设工程结构安全和工程质量评定的施工工艺和结构的重要部位进行的检测或结构实体检验
平行检验	（1）对工程施工测量进行检测、监测（包括工程定位测量、基槽验线、楼层放线和标高测量、建筑物沉降观测等）； （2）对建筑工程的使用功能进行抽查、试验
巡视	 （1）经常地、有目的地巡视检查检测； （2）巡视检查频次、部位要求明确； （3）巡视检查工具须到位； （4）对巡视监理情况进行专项记录； （5）对质量情况分析、处理 检查钢筋绑扎质量

续表

质量控制方法		
工程验收	以检验批、隐蔽验收和分项、分部工程验收为控制重点把好验收关	召开验收情况专题会议
指令文件	对施工方提出书面的指示和要求	
支付手段	以计量支付控制权为保障手段	
监理通知	监理工程师利用口头或书面通知，对任何事项发出指示，并督促承包商严格遵守和执行监理工程师的指示	
会议	（1）例会：组织召开工程例会、质量例会，进行常态控制； （2）专题会：针对出现的质量问题或异常，组织召开专题会议，解决问题； （3）沟通会：定期同业主、施工、设计交流，进行质量情况沟通	

6.2.3 质量控制关键工作

1. 超长大面积混凝土工程

在建筑中，为控制大面积混凝土的收缩裂缝，一般30~50m长度范围内需设置伸缩缝；在上部建筑高差较大的单体建筑，如塔楼与裙房部位，因竖向荷载相差较大，为保证不均匀沉降给结构带来不利影响，会设置沉降缝。而专业足球场工程为达到建筑物的造型和功能需求，环形底板和顶板混凝土结构一般不设沉降缝、伸缩缝（分块浇捣混凝土或留设后浇带）。超长大面积混凝土结构克服了设缝带来的耐久性、保温性和水密性等方面的问题和缺陷，但其裂缝控制、质量控制难度较大。

（1）超长大面积混凝土工程难点

1）结构超长，裂缝控制难度大

超长无缝结构在单向或双向上的长度超出规范规定的伸缩缝或防震缝的间距，极容易因为混凝土的收缩、徐变以及温度变形，造成混凝土结构的开裂，超长混凝土结构裂缝控制难度大。

2）后浇带设置多，质量控制难度大

超长混凝土结构永久性分缝设置少，在施工过程中需设置后浇带，后浇带的封闭处理的交界面处理质量出现缺陷对结构影响大，是超长结构施工中质量控制的重点。

（2）混凝土结构产生裂缝的主要原因

温度变形：混凝土在浇筑后随着温度的变化发生收缩或膨胀。其特点是混凝土早期外冷内热，后期随大气温度变化而发生变化。

混凝土收缩变形：是混凝土在浇筑后，随着强度的不断增长，产生水化热，失去大量水分，导致混凝土收缩发生变形。其特点是早期收缩大、后期收缩小，表面收缩大、内部收缩小。

（3）控制混凝土结构产生裂缝的措施

1）把温差控制在25℃以内；

2）施工时加强对混凝土的养护；

3）设计上充分考虑混凝土自身收缩对混凝土产生的危害，采取一定的抗裂措施；

4）相应增加钢筋用量；

5）设置大量后浇带。

（4）后浇带施工的劣势

1）影响顶板交通运输。由于后浇带处的支撑系统要等到二次浇筑混凝并达到龄期才能拆除，支撑系统长时间的不拆，这直接影响了结构施工的工作空间、施工通道及顶板水平交通运输。

2）后浇带垃圾清运困难。后浇带需要经历整个主体结构施工的全过程，直到结构封顶后，虽然可以设置防护围栏和进行表面覆盖，但后续施工工序对后浇带接缝处产生的垃圾污染是难以避免的，清理这个部位的垃圾十分困难，而不彻底清理接缝的垃圾又会对工程结构的施工质量带来很大的影响。

3）钢筋变形后修复困难。后浇缝的密繁钢筋后续施工可能被踏乱变形，在施工工作面的狭小空间中将这些钢筋整型到原设计形状施工比较困难，给结构的节点留下隐患。

4）施工缝多，易漏水。后浇带处封闭施工，若处理不好则形成冷缝给防水造成很大困难。

（5）采用“跳仓法”施工带来的优势

与通常采用后浇带方案施工相比，采用“跳仓法”施工可较好地解决后浇带施工带来的上述问题，下面就跳仓法施工技术及质量控制措施做简要介绍。

1）跳仓法的定义

在大面积混凝土工程施工中，将超长的混凝土块体分为若干小块体间隔施工，经过短期的应力释放，再将若干小块体连成整体，依靠混凝土抗拉强度抵抗下一段的温度收缩应力的施工方法，跳仓法施工块划分如图 6.2–2 所示。

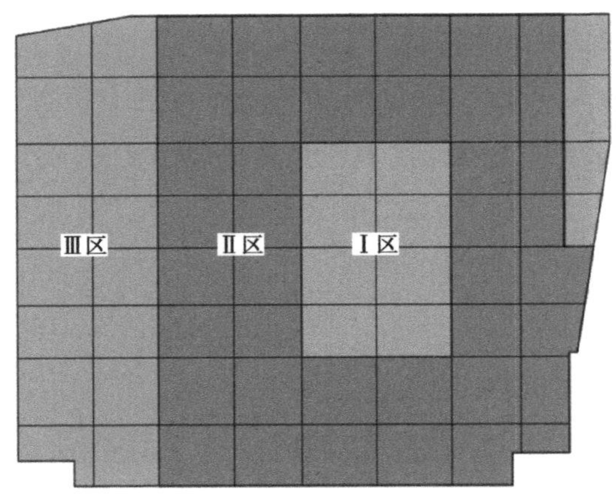

图 6.2–2　跳仓法施工分块示意图

2）跳仓法原理

根据结构长度与约束应力的非线性关系，即在较短范围内结构长度显著地影响约束应力，超过一定长度后约束应力随长度的变化趋于恒定，所以跳仓法采用先放后抗，采用较短的分段跳仓以“放”为主以适应施工阶段较高温差和较大收缩，其后再连成整体以抗为主以适应长期作用的较低温差和较小收缩。跳仓间隔时间 7~14d。跳仓法和后浇带的设计原则是一致的，都是“先放后抗”，只是后浇带改变成为施工缝。后浇带法没有利用混凝土的抗拉强度，偏于安全。

3）后浇带施工与跳仓法施工对比

①运用跳仓法施工，把两道施工缝变为一道施工缝，相邻混凝土浇筑接缝紧密，融为一个整体，取消了二次浇筑，减少了渗漏隐患。

②运用跳仓法施工，在控制配合比及浇筑质量的前提下，能尽量释放混凝土浇筑中的温差，减少收缩而产生的裂缝，从而减少渗漏隐患。

③施工缝处清理简易，混凝土结合有保证。仓间混凝土的浇筑时间间隔短、施工缝处混凝土强度较低，后浇仓的钢筋尚未绑扎完成之前，垃圾杂物较少，易于边施工边清理，这就有利于仓体间混凝土的结合。

④可将后浇带分割成的“大块”重新细分为较小的跳仓法“小块”，而“小块”“停滞”一定时间可释放本身的大部分早期温升收缩变形、减少约束，即先“放”；经过一定时间后，再合拢连成整体，剩余的降温及收缩作用将由混凝土的抗拉强度来抵抗，即后“抗”，做到“抗放兼施，先放后抗”，最后“以抗为主”的原则控制裂缝。

⑤跳仓法施工方法是以“缝”代“带”，其关键是“跳仓”间隔浇筑。底板、楼板及侧墙钢筋、模板、混凝土均可“小块”分仓流水施工，流水节拍缩短从而可缩短工期。

（6）跳仓法施工质量控制要点

1）混凝土原材料技术要求

符合《大体积混凝土施工标准》GB 50496—2018 要求：

①采用混凝土 60d 强度作为指标；

②根据规范及设计要求，坍落度宜控制在≤ 180mm；

③拌合水用量不宜大于 170kg/m^3；

④粉煤灰掺量不应大于 50% 胶凝材料，矿渣粉的掺量不宜超过胶凝材料的 40%；粉煤灰和矿渣粉掺量总和不宜大于胶凝材料用量的 50%；

⑤水胶比不宜大于 0.45；

⑥砂率宜为 38%~45%；

⑦细骨料宜采用中砂，细度模数宜大于 2.3，含泥量小于 3%；

⑧粗骨料粒径宜为 5.0~31.5mm，并应连续级配，含泥量不应大于 1%。

2）原材料的选用

水泥：宜采用普通硅酸盐水泥，并按现行的国家标准《通用硅酸盐水泥》GB 175 进行验收。

矿粉：按现行国家标准《用于水泥、砂浆和混凝土中的粒化高炉矿渣粉》GB/T 18046 进行验收。

粉煤灰：按现行国家标准《用于水泥和混凝土中的粉煤灰》GB/T 1596 进行验收。

黄砂：质量指标按《普通混凝土用砂、石质量及检验方法标准》JGJ 52 的要求进行验收。

碎石：质量指标按《普通混凝土用砂、石质量及检验方法标准》JGJ 52 的要求进行验收。

外加剂：质量须符合现行国家标准《混凝土外加剂》GB 8076。

3）“跳仓法”施工缝的留置和构造

①施工缝留置原则及部位

施工缝的位置应尽量避开集水井、电梯坑、高低跨等结构变化较大部位，且设置在结构受力较小部位。

具体留设位置要求：底板施工缝应留在所在板跨的 1/4~1/3 处，外墙水平施工缝留置在底板以上 500mm 处，竖向施工缝留置在所在跨的 1/4~1/3 处；梁、楼板施工缝留置在所在跨的 1/4~1/3 处。

②施工缝的处理措施

在施工缝施工时，在已硬化的混凝土表面上（浇筑完成至少 24h 后），用錾子清除水泥薄膜和松动的石子以及软弱的混凝土层，并加以凿毛。施工缝混凝土浇筑前一天用水冲洗干净并充分湿润，并在施工缝处铺一层与混凝土内成分相同的水泥砂浆。从施工缝处开始浇筑时，应避免直接靠近缝边下料。机械振捣前宜向施工缝处逐渐推进，并距 800~1000mm 处停止振捣，但应加强对施工缝接缝的捣实工作。

③防开裂措施

a. 地下室外墙拆模后，待混凝土强度上到设计值 80% 后，进行外墙防水与回填工作。

b. 采用二次压光技术，在混凝土浇筑完成 4h 后进行二次压光技术。有效消除表面早期塑性裂缝。

c. 施工缝处采用快易收口网。

d. 底板混凝土一定要二次振捣，养护时间不小于 14d。

④混凝土浇筑

混凝土采用“一个坡度、分层浇筑、循序推进、一次到顶”的浇灌工艺，分层厚度不超过 500mm。对于部分落差大的外墙采取溜槽、串桶及于墙中开设浇灌孔等措施以防止混凝土离析。每层浇筑间隔时间不得超出前一层混凝土的初凝时间，在浇筑接槎处应振捣到位。

沿浇筑混凝土的方向，在前、中、后布置 3 道振捣棒，第 3 道振捣棒布置在底排钢筋处或混凝土的坡脚处，确保混凝土下部的密实；后 1 道振捣棒布置在混凝土的卸料点，解决上部混凝土的捣实；中部 1 道振捣棒使中部混凝土振捣密实，并促进混凝土流动。

混凝土浇筑前，针对各个部位的浇筑特点，进行详细交底，管理人员跟班作业，检查和监督振捣作业。

振捣棒移动间距不大于 400mm，振捣时间 15~30s，快插慢拔，但还应视混凝土表面不再明显下沉、不再出现气泡、表面泛出灰浆为准，而且应插入下层混凝土 50mm 左右，以消除二层之间的接缝。振捣过程要全面仔细，禁止因出现漏振而导致蜂窝、麻面等混凝土施工质量事故。混凝土的振捣要定人、定范围。

当混凝土浇到标高后，应用刮杠将混凝土表面找平，且控制好板顶标高。然后用木抹子拍打、搓抹两遍，在混凝土初凝时用铁抹子进行二次抹面压光，并随后铺设塑料薄膜保水养护。

⑤混凝土养护

工程混凝土浇筑时间经历春夏秋季，天气干燥，外界气温变化大，对混凝土养护，特别是保温、保湿养护尤其重要。

混凝土浇捣完毕后的最初三天内，混凝土出于升温阶段，混凝土内部温度将急剧上升，因此必须采取保温保湿养护措施，以减少混凝土表面热量的扩散，防止表面裂缝产生。在底板表面混凝土浇捣结束，待其初凝开始，混凝土平仓收头后基本可上人行走而无脚印时，即覆盖保温层。保温层采用充气塑料薄膜、土工布覆盖综合条件下，保温、保湿，可充分发挥混凝土徐变特性，降低温度应力，减少混凝土降温梯度，控制有害裂缝出现。

2. 钢结构工程

（1）专业足球场钢结构工程特点

1）钢结构体系设计新颖，构造复杂

专业足球场钢结构按照结构形式一般采用网架结构或索膜结构，通常为类马鞍形椭圆的环形空间结构，具有造型美观，设计轻巧独特的特点。根据场馆的规模不同，往往采用一种或多种结构形式并存设计，因此不同结构形式导致施工方法差异较大，需要根据工况选取多种施工方法并用，因此专业足球场钢结构工程往往是整个场馆施工的难点。

2）钢结构深化设计、加工组织难度大、质量要求高

专业足球场钢结构通常体量较大，涉及构件加工种类多，如箱形构件、圆管 / 圆锥管加工、厚板 / 超厚板加工、大直径弯弧管加工、索具加工等，无论是对构件的深化设计还是制作加工都提出了很高的要求。

3）安装方法多样化

根据结构形式的不同，应选取对应的安装方法，主要考虑的因素是安全性和经济性。此外还有一些其他条件的制约影响着结构施工过程中的安装方法选择，例如：施工场地地形、施工工期的限制、气候及设备运输条件、施工方之间是否协调以及是否方便施工作业等。

专业足球场钢结构的施工方法有很多种，最为常见的几种如：高空散装法、高空滑移法、分条（块）安装法、整体吊装法、整体提升法。在工程实践中应根据自身项目特点综合对比采取适宜的安装方法。

4）安装精度要求高

为更好地实现整体建筑效果，专业足球场钢结构构件安装精度有着明确的规定，因此对构件的定位测量、节点连接、矫正、整体变形控制都提出了很高的要求。尤其是在采用了索膜结构张拉预应力体系的工程中，其结构的位移具有形与力一一对应的

关系，在施工前需要对结构的预应力施工过程做全过程分析模拟，以确定合理的拉索分级张拉方案。在预应力施工过程中，拉索节点深化设计、支架对结构预应力状态的影响、索夹抗滑移分析等都将是该类工程施工过程中的难点。

（2）专业足球场钢结构质量控制

1）施工准备阶段

①深化设计与专项方案编制及审核

对于钢结构深化设计，应重点审查与原结构设计相互对应、施工中具有可操作性、与其他相关专业设计冲突等方面。对于采用索膜张拉结构体系的专业足球场，通常原设计是最终张拉后的设计状态模型，而实际构件加工、安装是在张拉前零应力状态下进行，这就需要根据设计态模型计算得到零应力状态，以零应力状态下的构件加工制作长度和安装位形进行深化设计。

针对专业足球场钢结构设计新颖，构造复杂，施工难度大等特点，在施工前应制定各专项方案，如《钢结构空间、平面测量方案》《大型钢支座定位和预埋方案》《钢结构现场组装方案》《预应力钢拉索专项施工方案》《钢结构防腐涂装施工方案》《钢结构安装及吊装安全施工方案》《临时支撑系统布置与卸载拆除方案》等。各方案应考虑周全，能够覆盖钢结构全过程施工。

②严格控制原材料质量

专业足球场钢结构工程应用的钢材、钢铸件、焊接材料、高强度螺栓、防腐防火材料的品种、规格、性能等应符合相关标准和设计要求，特别是Q345、Q460E钢材应满足《建筑抗震设计规范》的要求，钢材的抗拉强度与屈服强度的比值不应小于1.2。钢材应具有明显的屈服台阶，且伸长率$\delta 5$应大于20%。钢材应具有良好的可焊性，同时应具有冷弯试验的合格保证。

除常规钢结构材料外，针对专业足球场钢结构特点，还涉及多种特殊材料，如球铰支座、关节轴承节点、拉索、索夹节点、高强度钢拉杆、膜材料等。上述构件应重点对其原材性能进行检查，并对关键部位构件进行物理及化学性能复试，同时结合深化设计对构件尺寸、规格实测，确保符合设计及规范要求。

同时，为做好原材质量控制，应要求对所有构件进行驻场监造，同时严格执行进场检验制度。

2）施工阶段质量控制

①埋件质量的控制

对非常态、超大跨度、结构复杂的空间体系，钢结构基础埋件结构形状往往比较复杂，而且这些埋件的使用寿命与主体结构一样为永久构造。为了有效控制其质量，必须在其安装前、安装后、混凝土浇筑时、混凝土浇筑后分别进行位置监测。标高和轴线的精度控制必须高于规范要求，以防其偏位，这样才能满足主体钢构安装要求。

②对钢结构安装前的质量控制

a. 钢结构安装前，必须要建立平面控制网和高程控制网，并且应做好测量控制原始点的移交以及控制点的复核过程。

b. 大型机械设备的检查。大跨度空间结构，安装必须采用大型机械吊装。因此所有吊机进场必须报验资料（含吊车司机和信号员的资质、大型机械安监资料等），经检查验收合格后方可使用。同时，大型机械进行装机后的首吊试车运行试验。现场吊机的行走线路必须满足吊机的荷载要求，吊机运行时周围有影响的一切障碍必须清除。

c. 临时支撑的检查。支撑在地面制作和安装时，要检查焊接质量，安装分节处是否焊接牢固，安装后的缆风绳是否固定，塔架的定位标高、塔架是否与结构等相撞或影响；以及检查是否按照施工方案实施。另外还要对所有支撑塔架的定位进行复核。

③安装过程的质量控制

a. 焊接质量控制。

专业足球场钢结构工程构件的连接设计多为焊接连接，焊接工序是整个钢结构施工过程的重中之重。首先依据《钢结构焊接规范》GB 50661，要求钢结构施工单位编制具有可操作性的焊接施工方案。其次，检查施工用的所有焊接设备（包括加热、测量、控制装置）是否处于正常状态，仪表是否经过鉴定且在有效期内；检查焊工资质。焊接工作应由取得相应资质并具有在有效期限内的焊工合格证的焊工承担，严禁无证上岗或资质与岗位要求不符；焊工要经过高空作业技术培训；督促施工方提供操作人员体检表以及高空作业培训证明，从而适应现场环境的需要，提高焊接质量。

另外，焊条要有专人进行烘焙和发放，焊接完成后对每条焊缝做好相应的原始记录（内容包括焊缝位置、编号、施焊时间及人员等），焊接缺陷的返修不得超过 2 次，以确保主结构的焊缝质量。最后，对焊接质量检查包括外观和无损检测。外观检查按照《钢结构焊接规范》GB 50661 要求执行；无损检测（UT）按照《焊缝无损检测　超声检测　技术、检测等级和评定》GB/T 11345—2013 和设计文件执行，1 级焊缝 100% 检验、2 级焊缝抽检 20%，并且在焊后 24h 检测。

b. 吊装质量控制。

吊装前检查施工准备工作是否完好，即吊点设置、卡码焊接、卡码尺寸是否合格、是否符合设计要求，吊装前构件是否经过检查验收并且合格，连接部位是否打磨处理干净；安装过程中是否按照施工方案实施，吊装是否对周围环境产生影响，以及施工方安全员和各种责任人到岗情况等。

④临时支撑卸载的质量控制

临时支撑卸载是将屋盖钢结构从支撑受力状态下，转换到自由受力状态的过程，即在保证现有钢结构临时支撑体系整体受力安全的情况下，主体结构由施工安装状态顺利过渡到设计状态。临时支撑卸载的前提条件是屋面主结构施工吊装、焊接、检测完成并达到验收标准后，卸载工作方可实施。

临时支撑在卸载过程中要遵循“分区、分节、等量、均衡、缓慢”的原则。在钢结构卸载的过程中，要检查全部焊缝是否焊接完成、无损自检和第三方检测是否完成、返修是否完成、连接卡码是否切割、屋面杂物是否清理以及卸载工作是否按照施工方案实施等。同时还要检查卸载前后设计选定结构沉降观测点的测量成果是否产生偏差等。

⑤预应力索的张拉控制

a. 张拉过程的同步性控制。专业足球场大多为对称的类椭圆形结构，下弦拉索张拉时，上弦的钢结构会产生变形。为了保证上弦钢梁在拉索张拉过程中的稳定性，需要缓慢而均匀地对其加载，尽量减少在上弦钢梁的不均匀变形，这样就对拉索张拉的同步性提出了较高的要求。因此不但要制定合理的张拉方案，并且在施工过程中要采用智能同步控制系统，对整个施工过程进行监控，以保证施工质量满足要求。

b. 节点深化设计及关键节点的有限元分析。环索与径向拉索的节点受力部位非常关键，可采用三维建模软件对整个工程和所有节点进行详细建模，以保证拉索下料长度及节点加工制作的精确性，并对关键节点进行有限元分析，以保证节点受力的安全性，在可能的情况下对节点构造和外形进行优化。

c. 柔性结构体系施工过程的模拟计算。为了验证施工过程的合理性和可行性，并为整个拉索安装和张拉过程提供理论依据，要对施工过程进行详细的仿真模拟计算，以保证施工质量和施工过程的安全。

d. 施工过程的索力、应力及变形监测。预应力钢结构体系在施工的每一个阶段的刚度和平衡状态均会发生改变，结构都会经历一个自适应的过程而使内力得到重新分布，形状也随之改变。为了保证施工质量和施工完成后的预应力形态符合设计要求，可在施工过程进行中对钢结构的变形和预应力钢索的受力进行实时监测，以确保结构施工期的安全，保证结构的初始状态与原设计相符。

⑥防腐及涂装工程质量的控制

钢结构的防腐和涂装对钢结构的施工质量也影响较大。防腐和涂装质量的合格与否，不仅直接影响钢结构今后使用期间的维护费用，还影响钢结构工程的使用寿命、结构安全及发生火灾时的耐火时间（防火涂装）。防腐涂装的具体检测方法为：油漆喷涂后立即用湿膜测厚仪垂直按入湿膜直至接触到底材，然后取出测厚仪读取数值。膜厚的控制应遵守“两个 90%”的规定，即：90% 的测点应在规定膜厚以上；余下的 10% 的测点应达到规定膜厚的 90%。测点的密度应根据施工面积的大小而定。外观检查应满足涂层均匀以及无起泡、流挂、龟裂、干喷和掺杂物现象的要求。

⑦膜结构质量控制

膜结构所用膜材料由基布和涂层两部分组成。基布主要采用聚酯纤维和玻璃纤维材料；涂层材料主要为聚氯乙烯和聚四氟乙烯。常用膜材为聚酯纤维覆聚氯乙烯（PVC）和玻璃纤维覆聚四氟乙烯（Teflon）。PVC 材料的主要特点是强度低、弹性大、易老化、徐变大、自洁性差，但价格便宜，容易加工制作，色彩丰富，抗折叠性能好。Teflon 材料强度高、弹性模量大、自洁、耐久耐火等性能好，但它价格较贵，不易折叠，对裁剪制作精度要求较高。

索膜结构体形通常都较为复杂，各种角度变化较多，且加工精度要求非常高。在制作过程中要加强质量管理，保证制作精度。在膜结构制作前，需要对工程所用膜材及配件按设计和规范要求进行材质和力学性能检验，如膜材的双向拉伸试验。膜材加工制作要严格按设计图纸在专业车间由专业人员制作。由于索膜结构通常均为空间曲面，裁剪就是用平面膜材表示空间曲面。这种用平面膜材拟合空间曲面的方法必然存在误差，所以裁剪人员在膜材裁剪加工过程中加入一些补救措施是相当必要的。对已裁剪的膜片要分别进行尺寸复测和编号，并详细记录实测偏差值。裁剪作业过程中应尽量避免膜体折叠和弯曲，以免膜体产生弯曲和折叠损伤而使膜面褶皱，影响建筑美观。膜片下料完成后再根据排水方向和膜片连接节点确定热熔合方案。在正式热合加工前，要进行焊接试验，确保焊接处强度不低于母材强度。

经检验合格的成品膜体，在包装前，应根据膜体特性、施工方案等确定完善的包装方案。如聚四氟乙烯为涂层的是玻璃纤维为基层的膜材料可以以卷的方式包装，其中卷芯直径不得小于 100mm，对于无法卷成筒的膜体可以在膜体内衬填软质填充物，然后折叠包装。包装完成后，在膜体外包装上标记包装内容、使用部位及膜体折叠与展开方向。在膜材运输过程中要尽量避免重压、弯折和损坏。同时在运输时也要充分考虑安装次序，尽量将膜体一次运送到位，避免膜体在场内的二次运输，减少膜体受损的机会。

张拉索膜结构的支承可分为刚性边界和柔性边界。支承结构安装误差的大小，不仅直接影响建筑的外观，还影响结构内预应力的分布，严重者将影响结构的安全性。在安装支承钢结构前，应按规范和设计要求对钢结构基础的顶面标高、轴线尺寸作严格的复测，并作复测记录。

膜体进场安装前，应组织项目有关人员对施工方案进行评审，确定详细的安装作业与安全技术措施。先复核支承结构的各个尺寸，使每个控制点的安装误差均在设计和规范允许的范围内；对膜体及配件的出厂证明、产品质量保证书、检测报告及品种、规格、数量进行验收；检查膜体外观是否有破损、褶皱，热熔合缝是否有脱落，螺栓、铝合金压条、不锈钢压条有无拉伤或锈蚀，索和锚具涂层是否破坏。

在组织验收构件的同时，还应根据场地条件和施工方案搭设膜体展开平台，安装安全网。对大型的张拉膜结构，要收集安装期间的气象信息。安装过程中要密切注意风向和风速，避免膜体发生颤动现象。在强风或大雨天气要及时停止施工，并采取相应的安全防护措施。

3）钢结构健康监测

专业足球场大跨空间结构大量采用高强钢材、膜材、高强钢丝束等新型材料，制作和安装误差、大变形、环境侵蚀、地基不均匀沉降和复杂荷载、疲劳效应等因素的耦合作用，将导致结构系统的损伤积累和抗力衰减，极端情况下会引发灾难性的突发事件。虽然空间结构属于超静定结构，但空间受力比较复杂，当结构关键部位发生破坏，结构可能会很快整体破坏。从倒塌事故来看，空间结构会在几分钟、甚至几秒钟内倒塌。因此，建立大跨空间结构作为重大工程设施的定期故障监测制度，实施长期实时的健康监测和故障预警措施显得尤为重要。

钢结构健康监测内容主要包括主要构件应力监测、索力监测、振动加速度、变形、风向风速度监测。

①应力监测

钢构件的应力应变监测采用应变计。主要的监测构件包括：径向梁、环梁、摇摆柱顶圈梁、摇摆柱和 BRB 支撑等。

②索力监测

索力的监测采用应变计法和磁通量（EM）法相结合的方式，传感器样式详见图 6.2–3。

图 6.2–3　磁通量（EM）传感器

EM 磁通量索力传感器安装方式为套在索体的表面，传感器需要根据索体的尺寸定制生产，使用前需要对被测索的材料特性进行标定。

磁通量传感器需要与 EM 磁弹仪和 EM 自动型多通道采集仪配合使用实现索力的全自动监测。

③振动加速度监测

振动加速度监测采用加速度传感器监测钢结构体系的加速度。振动加速度的监测点布置根据专业足球场屋盖的模态分析结果，选择屋面振动响应较大的典型部位布置监测点。

④变形监测

该部分的监测内容为专业足球场钢屋盖各主要榀位置的环梁节点、摇摆柱底节点、环索索夹节点的变形。

变形监测采用自动化监测与人工监测相结合的方式。自动化监测采用倾角传感器对部分摇摆柱的倾斜变形进行实时监测。人工监测采用以下三种测试手段相结合：a. 采用三维激光扫描技术；b. 采用测量机器人；c. 采用电子水准仪。

⑤风速风向监测

该部分的监测内容为足球场钢屋盖的风速风向等风场特性。风速风向监测采用三维超声式风速风向仪和机械式风速仪。

三维超声风速风向仪如图 6.2–4 所示，利用发送声波脉冲，测量接收端的时间或频率（多普勒变换）差别来计算风速和风向，测量精度高，不受启动风速限制，且稳定性高，性价比高，基本无需维护，寿命长。

机械式风速仪如图 6.2–5 所示，风速仪动态响应好、量程大、线性好、精度高、无死点、抗雷击、稳定可靠。适用于各种测量环境，有多种输出方式，可以方便地进

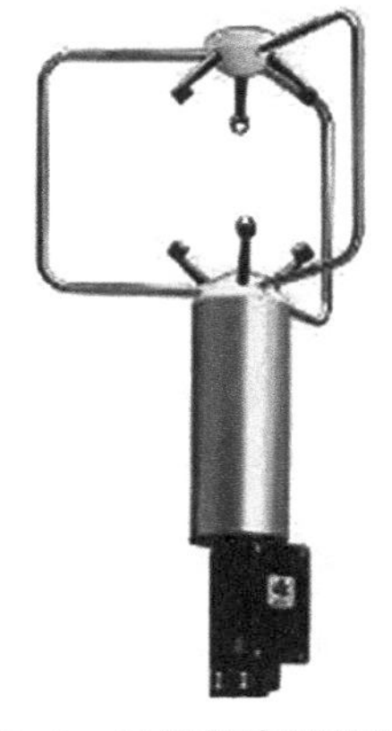

图 6.2–4　三维超声风速风向仪

图 6.2–5　机械式风速仪

行系统组网。

风速风向监测布置一般在最内侧钢结构的高点，避开湍流区域，必要时加设塔桅。

3. 屋面工程

专业足球场屋面的构造层次较多，施工工艺复杂，现场安装困难，细部构造节点多样，要想做到对整个屋面质量的严格把控，须从深化设计、原材料进厂、加工制作、现场安装等多方向，全覆盖地进行质量把控，才能确保整个屋面质量受控。

（1）屋面工程特点

1）造型新颖，建筑外观控制难度大

专业足球场屋面大多为类椭圆造型，屋面施工精度受限于钢结构、土建的安装和沉降误差，精度控制难度大。屋面装饰板板缝多采用密拼及扣条方式，对装饰板安装精度要求极高。

2）各功能层由外至内空间定位，安装精度要求高

专业足球场屋面各功能层分层较多，通常由檩条、装饰骨架、功能层、装饰面层等构成。施工中，需由最终装饰层从外向内进行尺寸控制来保证最终的建筑效果，因此需要对不同层进行精确定位，同时采用可调差的节点方式进行累计误差消化，对安装精度提出了很高的要求。

3）与屋盖结构体系的适应性要求高

对于采用索承结构预应力体系的屋面，其结构轻巧、但张拉前后工况、卸载前后工况的变形量大、同时屋盖围护结构安装时随屋盖荷载的增加同样会造成屋盖变形。因此，屋盖关键节点的变形适应能力要求高。

4）开场结构的抗风性能要求高

专业足球场属于开场结构，同时又处于空旷区域，局部区域的风荷载情况复杂，檐口周边为风荷载集中区域。同时屋盖系统在风荷载的作用下变形较大，需要充分考虑长期动态风荷载作用下的抗风可靠性。

（2）屋面工程质量控制

1）檩条安装

檩条是整个金属屋面的基础，承载着整个金属屋面，是金属屋面与主体钢结构的连接体，且各个场馆的主檩、檩托等构件均为可视构件，对其结构的美观性有较高要求，檩条的安装质量将影响整个金属屋面的安全性能与美观性。

檩条系统的安装质量控制主要有两点：安装精度控制与节点强度控制。

安装精度控制：由于存在大量非常规的檩条，故檩条安装定位时，不能采用常规

的弹线、尺量等粗犷式定位，需用定位精度更高的全站仪测量定位方法进行定位与校核。

节点强度控制：节点部位的安装质量将直接影响金属屋面的受力好坏，故节点处的连接必须严格按照设计的节点要求进行施工，严格按照焊接要求进行焊接施工。施工完毕后，对所有节点进行仔细检查与验收，验收通过的檩条方能移交给下一工序。

2）屋面板制作加工

专业足球场屋面板根据设计要求一般均采用较为复杂的体系组成，其中金属板材加工制作要求较高，须保证其加工精度，且在现场压制过程中容易出现金属板的破损，无论是尺寸上的偏差还是金属板材的破损均导致金属屋面的防水性能与抗风揭性能的降低，造成较大安全隐患。

金属板材现场加工制作过程为将铝卷压制成压型板，弯形板则需要在前述基础上再进行弯制才能够完成，其质量控制的关键点在于加工精度的控制与成品板材质量的验收。

加工精度的控制：金属板材现场压制过程中，板型的精确控制，主要通过对压板机的调制实现，在批量进行金属板材压制前，须通过反复的压制试验，将压板机的参数调整为最佳数值。试验完成的试验板需要通过严格验收，将加工精度控制在规范要求范围内后方能进行大批量板材的压制。

成品板材质量的控制：由于金属板材压制的工艺复杂性，在压制过程中往往会出现板材开裂、褶皱等致命缺陷，故现场压制完毕后必须派经验丰富的质量专检员进行严格验收，对于验收不合格的产品均作废处理。验收的项目主要是用尺量方法检验其加工精度与用观察方法检验金属板的板面是否有开裂、褶皱、剥落和擦伤等缺陷。

3）屋面板安装

放线：屋面板的平面控制，一般以屋面板以下固定支座来定位完成。在屋面板固定支座安装合格后，只需设板端定位线。一般以板出排水沟边沿的距离为控制线，板块伸出排水沟边沿的长度以略大于设计为宜，以便于修剪。

就位：施工人员将板抬到安装位置，就位时先对准板端控制线，然后将搭接边用力压入前一块板的搭接边，最后检查搭接边是否紧密接合。

咬合：屋面板位置调整好后，用专用电动锁边机进行锁边咬合。要求咬过的边连续、平整，不能出现扭曲和裂口。在咬边机咬合爬行的过程中，其前方 1m 范围内必须用力卡紧使搭接边接合紧密，这也是机械咬边的质量关键所在。当天就位的屋面板必须完成咬边，以免来风时板块被吹坏或刮走。

板边修剪：屋面板安装完成后，需对边沿处的板边修剪，以保证屋面板边缘整齐、美观。屋面板伸入天沟内的长度以不小于120mm为宜。

在完成屋面板安装前的测试之后开始进行屋面板的安装。铝合金屋面板安装采用机械式咬口锁边。屋面板铺设完成后，应尽快用咬边机咬合，以提高板的整体性和承载力。当面板铺设完毕，对完轴线后，先用人工将面板与支座对好，再将咬口机放在两块面板的接缝处，由咬口机自带的双只脚支撑住，防止倾覆。

屋面板安装时，先由两个工人在前沿着板与板咬合处的板肋走动。边走边用力将板的锁缝口与板下的支座踏实。后一人拉动咬口机的引绳，使其紧随人后，将屋面板咬合紧密。

4）装饰板加工制作

专业足球场屋面装饰板规格各异，包括不规则四边形与弯弧板等多种形式，大多采用铝单板或铝蜂窝板。由于铝单板与铝蜂窝板均为预制金属板，理论数据并不能保证其安装精度，故均需现场进行测量复测得到实际尺寸数据才能进行加工制作。综上所述，铝单板与铝蜂窝板的安装质量关键在于其非常精确的制作尺寸。

要达到铝单板与铝蜂窝板精确制作的关键在于其加工尺寸的精确度，对于其加工尺寸的获得，采取以下控制步骤。

①从原始龙骨模型Ⅰ中读取龙骨的理论尺寸数据A；

②按照理论数据A进行龙骨的安装；

③龙骨安装后用全站仪对龙骨实际尺寸进行复核，得到龙骨的实际尺寸数据B；

④根据B建立对应的实际龙骨模型Ⅱ；

⑤根据Ⅱ进行单块铝单板或铝蜂窝板的深化；

⑥将单块铝单板或铝蜂窝板的深化模型还原至龙骨实际模型Ⅱ中，进行最终效果修正；

⑦修正完毕后，才能将数据发至制作厂进行加工制作。

上述数据获取途径虽然工序繁琐且工作量极大，但是能够获得非常精准的尺寸数据，能够保证铝单板与铝蜂窝板的安装精度与效果，也能够在后续的安装过程中缩短施工工期与降低施工难度。

5）聚酯碳酸板安装

聚碳酸酯板位于专业足球场屋顶内圈环状布置，包括直板和拼板。聚碳酸酯板为瓦楞状，抗风性能强，采用可滑动设计消化热膨胀位移。聚碳酸酯板直板单元为达到造型效果进行拼板找型。拼板在工厂加工制作，通过实际测量后现场裁切后进行安装。拼板板缝采用铝合金型材连接，并防水胶密封。

安装聚碳酸酯板时，首先应进行定位放线，设置控制线。安装钢板支座以及滑动连接件然后开始铺设首块聚碳酸酯板。接着第一块聚碳酸酯板按已经放好的定位线铺设，把压板用自攻螺钉锁紧，并打防水密封胶密封，接着铺设第二块聚碳酸酯板。在铺板时注意把聚碳酸酯板面上的保护膜撕下后再重新铺到板面，用以防止太阳直射温度过高塑料保护膜粘结在聚碳酸酯板上，难以分离，同时保护聚碳酸酯板板面清洁，防止聚碳酸酯板被划伤。

聚碳酸酯板直板单元为达到造型效果进行拼板找型。拼板在工厂加工制作，通过实际测量后现场裁切后进行安装。拼板板缝采用铝合金型材连接，并防水胶密封。聚碳酸酯板在裁剪时，利用现场设备机具进行聚碳酸酯板的切割加工。切割完毕后，要把飞入板内的尘灰用吸尘器吸出，并用收边胶纸把聚碳酸酯板两端封好，妥善安放。

聚碳酸酯板安装过程中，应注意检查密封胶密封工作。必要时先进行闭水试验，合格后再安装聚碳酸酯板。同时，安装前必须先清理干净底层铝框沟槽内的垃圾杂物、灰尘和铝屑等。清理可采用吸尘器或电吹风等小型机具。

6）成品保护

专业足球场金属屋面的面积大、层次多等特点导致其安装过程中的成品保护工作存在较大困难。从底板层的施工开始，由于构造层次均为板状构件，且多数构造层次的厚度仅为1mm左右，极易遭到破坏。

主要破坏的原因有以下几点：吊装时由于吊带的勒压或者堆放过高而导致构件变形甚至破坏；吊装落地时的碰撞、工具或构件等掉落至成品构造层上导致成品损坏；由于构件堆放，导致已铺设完备的屋面成品构造层的破坏；施工作业人员的踩踏导致成品构造层的损坏。

针对上述常见的成品破坏方式，将从以下几点质量控制方法进行成品保护。

①少量多点堆放，减轻下层构件的受力；

②采用吊篮等吊装措施，杜绝安全绳对构件的勒压破坏；

③吊装过程中严格遵守吊装的要求，做到缓慢下降吊物，减小构件落地时的动载荷冲击；

④在屋面搭设物料堆放平台，杜绝因构件堆放导致的下部成品构造层的压迫破坏；

⑤加强管理，做到班前交底，增强施工作业人员的成品保护意识，禁止在金属屋面施工过程中随手丢、扔杂物、工具等物品，散落构件须集中堆放处理；

⑥增强防火意识，禁止在金属屋面施工过程中动火，施工作业人员不得将火种带上屋面，更加不允许在金属屋面上抽烟；

⑦搭设行走通道，尽量减少施工作业人员对成品构造层的踩踏；

⑧通过合理的施工分区将施工区域划分为若干较小区域进行施工，施工过程中及时进行质量检查与验收，减小成品构造层外露的时间从而减小成品破坏的几率。

4. 幕墙工程

专业足球场幕墙体系主要分为立面幕墙体系及屋面幕墙体系，以下主要介绍立面幕墙体系质量控制措施。专业足球场立面幕墙体系一般呈曲线状，体型优美，结构体系复杂。其主要难点体现在空间曲面，板块的制作精度高且安装难度大，板块的垂直运输及施工的安全难度大，空间曲面外形对幕墙定位及复核提出了较高的要求。

（1）幕墙工程特点

专业足球场幕墙外立面优美，设计新颖、造型独特。其难度主要体现在：幕墙深化设计的深度和协调、玻璃幕墙板块的制作精度控制、幕墙单元的储运和吊装、节点处理等。

1）前期设计、备料时间长

幕墙设计是建筑设计之外的专项专业设计，幕墙设计师需和建筑设计师充分沟通设计意图，才能在充分展现幕墙美感的同时凸显建筑风格。此外，由于幕墙全部用材需统一采购、制作，并配套使用，而幕墙工程又都是非标设计，订单开出时间受设计限制不可能太早，决定着前期备料时间较长。

2）幕墙在功能性、安全性上要求高

防水性能是重中之重。幕墙在满足安全受力要求的同时，确保防水性能是关键。节点细部构造是防水工程的重要部分，在施工的过程中，种种变形都集中于节点，特别是伸缩缝处的防水节点处理是施工质量控制的关键点。

保温节能是重大课题。全球变暖使各国都在积极实现“低碳”目标。幕墙采用透明玻璃以满足建筑设计对通透的要求，同时太阳光通过透明玻璃在室内形成强烈的光热效应，而且因建筑防火分区的划分，幕墙系统跨分区的幕墙玻璃或采用防火玻璃。因此面材的保温性能，型材的隔热性能都应有较高的标准和要求，同时采用金属管或深百叶遮阳进一步起到节能减排的作用。

3）外立面幕墙外倾角度较大，安装高度高，施工风险大

立面幕墙安装立面呈较大外倾角度，不能采用传统的吊篮进行施工作业，且外侧施工需要搭设异形脚手架操作平台。

4）与土建、安装施工关系密切，协调沟通难度大

幕墙施工需要土建施工的诸多配合，在土建结构施工过程中需要进行预埋件埋设，

结构施工完毕后，需对土建结构外观质量及结构偏差进行复核，以备在转接件安装时对土建结构偏差进行修正。此外，幕墙施工对土建室内装修、机电安装工程存在交叉施工，并且只有幕墙工程完成外立面封闭，土建室内装修、机电安装工程才能进行收头。

（2）幕墙工程质量控制

1）幕墙材料质量控制

幕墙材料是保证幕墙工程质量和安全的物质基础，应重点从以下几方面做好幕墙材料的质量控制：

对玻璃、铝合金、钢材、胶结材料、保温隔热材料、断热型材、五金材料和驱动器等材料、设备进行验收，须符合设计文件和有关规程、标准的要求，具有出厂合格证等相关文件。

对应该抽样复试的材料如铝型材、钢材、硅酮结构胶、建筑密封胶、双面胶条等主要材料，见证取样并复核技术性能检测报告的结论意见，符合设计文件和有关规范、标准的要求。对现行国家标准《建筑节能工程施工质量验收标准》GB 50411 要求抽样复试的夹胶玻璃、中空玻璃的导热系数、遮阳系数、可见光透射比、露点温度、保温岩棉的导热系数、密度、吸水率以及隔热型材的抗拉、抗剪强度等节能技术指标送检进行见证取样。

对幕墙四性试验进行见证和查看试验检测报告，抗风压性能、气密性能、水密性能和平面内变形性能四项技术指标的检测结果须符合设计文件及有关规范的要求，试验合格后可开始板块的加工。

2）幕墙专业设计的协调

幕墙专业设计涉及结构及节点安全、建筑功能及整个建筑的外观等，牵涉面广、内容多，是一个系统复杂的工作，需要协调沟通的内容多。

首先是进度协调，及时协调原设计和幕墙专业设计单位之间的工作，参与设计进度控制，控制设计图纸完成节点，对设计初稿及时提出合理化建议，以减少后期工程变更，要求设计方及时提出材料清单等，以便进行材料加工订货或购买。

关注幕墙专业设计时结构选型、节点型式、构造处理、材料选择的合理性，及时提出建议，并控制设计前四性试验、防火及其他试验等试验结果来指导专业设计，以确保幕墙结构体系的安全可靠性。

协调幕墙专业设计与结构施工单位之间的工作，结构施工过程中势必产生的误差，必须对已完成结构定期实施实测实量，并将所得数据及时反馈给幕墙专业设计，以便设计及时处理解决，方可确保设计的节点能够解决制作和现场实际安装偏差带来的影响。

3）幕墙制作的控制

本单元玻璃幕墙加工制作量大、精度要求高，对于加工制作的过程必须实施严格的控制手段，以便确保加工制作能够满足实际安装的要求。幕墙加工制作方面必须对以下关键点进行严格控制：

①型材加工质量检查

控制检查铝型材的机加工工艺环节，确保在组框前保证基材的准确，符合幕墙机加工现行国家标准。实物检查：截料端头不应有加工变形，并应去除毛刺。型材构件的槽口、豁口、榫头尺寸允许偏差符合规范要求，弯加工后的构件表面应光滑、圆弧度曲率半径符合工艺施工图要求、不得有皱折、凹凸、裂纹、涂层脱落划伤等缺陷。

②板块组框质量检查

玻璃板块与铝合金副框组装应在工厂完成。硅酮结构胶应在清洁干净的车间内、在温度 23±2℃、相对湿度 45%~55%条件下打胶。打胶前必须对玻璃及支撑物表面进行清洁处理。为控制双组分胶的混合情况，混胶过程中应留出蝴蝶试样和胶杯拉断试样，注胶后的板材应在温度为 18~28℃，相对湿度为 65%~75%的静置场静置养护，在结构硅酮胶固化时间内避免受力，以保证结构硅酮胶的固化效果。双组分结构胶静置 3d，单组分结构胶静置 7d 后才能运输，这时切开试验样品切口胶体表面平整、颜色发暗，说明已完全固化。完全固化后，板材运至现场仓库内继续放置 14~21d，用剥离试验检验其粘结力，确认达到粘结强度后方可安装施工。

4）幕墙安装控制

幕墙安装应先完成样板段的施工。样板段的施工质量经业主、设计和监理检查验收符合要求后作为后续施工的实物样板，再进行正式施工作业。

吊装质量的控制重点在于施工测量的精度控制方面。为达到整体拼装的严密性，避免因累计误差超过允许偏差值而使后续预制件无法正常吊装就位等问题的出现，吊装前须对所有吊装控制线进行认真的复检，预制件安装就位后须由项目部质检员会同监理工程师验收预制件的安装精度。安装精度经验收签字通过后方可进行下道工序施工。

立面复合板系统是由预制件板与预制件相互独立的拼接，拼接过程必然会产生误差，此时可通过支座实现三维调节，消除合理误差。

5. 泛光照明工程

泛光照明是一种既节电又能较好地体现建筑物的立体感和建筑形象的重要手段，

近年来在大型场馆工程中大规模应用。专业足球场大多造型新颖，对泛光照明施工精度有了更高的要求，既要做到不破坏建筑物的结构和室外造型，又要满足景观照明视觉效果。

（1）泛光照明工程特点

1）多专业配合设计施工

泛光照明和幕墙设计通常不是同时共同设计完成，特别是泛光照明设计在前期的设计中易被遗漏，而在后期施工中才增加。有较多工程项目，幕墙已经大面积施工或已经施工完成才进行泛光照明设计，这会造成前期预埋预留难以到位，幕墙外立面部分管线、电线及灯具裸露影响建筑物白天的视觉观感效果，这些都会造成质量隐患，如外墙漏水、线路裸露防水绝缘不好而经常短路等。幕墙设计未考虑泛光照明的施工条件是出现质量问题的症结所在，因此，在设计前期就应该注重幕墙及泛光照明设计。

泛光照明专业应根据设计计算出用电负荷，提出用电负荷和位置，提交电气专业在室内电气设计时给予提前预留。电气专业结合室内电气设计，留设相应泛光照明电源的接驳位置。

2）确定光源及灯位是关键

确定灯位时在周边环境及立面层次较为平淡时，选择远投方式；要尽量做到灯具隐蔽；选择与建筑外墙装饰相协调的灯具，具有美化艺术效果。确定光源时应考虑丰富层次、不同光源具有不同的特性，可用不同光源反映建筑物的内涵。此外，还应在确保照度的前提下，达到控制灵活、经济合理、节能降耗的可持续发展目标。

（2）泛光照明施工质量控制

1）灯具选型

LED 灯具的成本约占泛光照明工程总成本的 60%~70%。灯具的光通量、光效值、光照均匀度、色温、显色性、平均寿命、防护等级、绝缘等级、散热性等技术综合指标决定 LED 灯具的优劣。

①灯具要选用好的 LED 芯片，它是灯具的核心元件。选择市场上技术性能稳定、质量较好的品牌。

②灯具中要用好的驱动芯片，LED 灯主要是由发光二极管（LED）及其驱动芯片两部分组成。每一颗 LED 芯片要由对应的驱动芯片将其点亮发光，驱动芯片性能的好坏对 LED 灯的显示质量起着至关重要的作用。

③合理地控制芯片数量。要实现建筑物泛光照明各种图案变化，具有渐变、跳变、追光的功能，就要对每套 LED 灯进行分段控制。每 1 段作为 1 个像素点，每 1 段作为

1 个独立的地址码来进行控制。1 个像素点需要 1 个控制芯片，根据观看视线的距离远近，对 LED 灯具进行合理分段。分段越多，所形成图案的像素点越密，动态图像越清晰，灯具内所需要配置的控制芯片也越多，灯具的成本也越高，总控制系统就越复杂。

④解决好 LED 灯具的防水和散热问题。泛光照明灯具大多用于室外，因此要求灯具本身具有较好的防水性能，可以有效防止雨淋、水汽对灯具内电器元件的损害，通常要求灯具的最低防护性能要达到 IP65，沿海地区有时要达到 IP67。在选择 LED 灯具时，要特别关注灯具面罩的打胶和灯具金属底座的散热制造工艺。

2）开关选型

泛光照明全彩 LED 灯具基本采用的是直流 24V 电源，因此需要进行电源电压转换。开关电源都安装在室外，必须具有防水功能，防护等级不能低于 IP65。1 个开关电源根据容量不同可以带十几个甚至几十个 LED 灯具，其输出电压的稳定性直接影响到 LED 灯具的显示效果。同时，开关电源应具有承受外电源瞬间突变的能力。每一个开关电源的损坏，都直接影响整个亮化效果。好的开关电源应具有节电功能，其功率因数不应小于 0.95，并具有功率因数自调节功能。

3）配管及敷线

泛光照明工程具有灯具数量多、用电负荷大、配电回路多等特点，同时工程施工过程要与外立面工程紧密配合。配管、配线很多是明配，为保证安全，配电导线应采用阻燃或耐火电缆，须穿钢管敷设，导线与灯具的接头应牢固可靠，做好绝缘保护。为防止发生接地故障，配电回路电源侧要加具有漏电保护功能的断路器。同时，工程中有大量的弱电控制线路，应与强电线路有效隔离，避免发生电磁干扰，影响控制效果。

4）灯具及支架安装、调试

①灯具支架制作安装：a. 灯具支架的强度应符合抗台风和抗腐蚀要求；b. 支架安装位置和角度力求隐蔽并避免眩光；c. 灯具支架的安装要与外墙装修紧密配合，保证施工顺序的合理性。

②灯具安装：灯具等的施工应按照相关规范进行施工和检查：灯具安装必须紧固可靠，线盒密封性能良好，接头做好绝缘处理；灯具（除光纤头、光带、导光管）应先固定，再安装光源；灯具安装位置正确，满足设计要求的直线度、弧度；安装完后检查灯具的投光角度；不得破坏幕墙防水及外观。

③试亮灯及效果调试：整个工程安装完毕后，首先对配电设备进行全面检查；然后测试电气设备的绝缘电阻；合格后，检查灯具控制电路接线；正确后，进行相间、相对地绝缘电阻测试，然后进行控制回路及系统调试，直至达到控制要求为止。在送

电之前，首先进行模拟操作试验，检测各个回路及控制模式运行正常、定位准确，再进行带负载运行 12h，整个安装工程系统运行正常，达到交工验收要求。为杜绝安全事故，首次亮灯须提前一周通知到每一施工岗位，调试效果阶段始终要注意三相荷载的平衡。

④完成效果调试以后，全面检查管线、支架、灯具的紧固是否可靠，做相应检查完善工作。

6.2.4　体育工艺施工质量控制

1. 看台工程

在城市发展过程中，对大型体育场馆提出了更高的要求，主要体现在尺寸偏差、看台外观质量等方面，既需要较高的外观质量，又需要颜色均匀一致，不能有较大的尺寸偏差。在以往大型体育场馆看台施工中一般采用现浇看台，与现浇看台相比，预制看台具有易形成繁琐造型、外观质量好、易与钢结构结合、施工周期短等方面的优势。清水混凝土相比普通混凝土具有一次成型、立体感强、平整度好及抗污染性强的特点。目前预制或清水混凝土看台板已开始在一些大型综合体育场馆得到运用，而将两者结合在一起的实施案例比较少。下面将主要结合清水 + 预制结构的工艺特点，从看台板构件设计、制作加工、安装等几方面阐述涉及的技术要点及对应的质量关键控制措施。

（1）模板体系质量控制

如果是常规构件，只需要达到周转需求、几何尺寸、成本支出等方面的要求，而且，在生产加工以及模板设计过程中，还频繁出现预埋件周边漏浆、线条不顺畅、棱角部位开裂、接缝、露筋等混凝土构件问题。而清水混凝土构件模板必须解决以上问题，因此对模板设计提出了很高的要求。其中的模板，不但应存在相应的强度以及刚度，也应该具备很好的整体稳定性，另外，还应该保证模板面的充分平整。

结合专业足球场看台板的现实状况，实际应用需要选择以下的看台板模板：大部分是平躺结构，导致涉及外侧模、底模、内侧等。底板和内侧用 8mm 的不锈钢，筋板用 10mm 钢板。基于这一方案，模板和看台板的侧面以及正面均紧密地粘贴成型，如此一来，看台板的外露面就变得平整光滑，在一定程度上提高了项目的外观质量。

模板组装方面，组装正确，并应安装牢固、严密、不漏浆；应该彻底清理模板，避免留存混凝土薄片或者水泥浆，同时，应保证模板隔离剂不存在流淌以及漏涂等问题。若存在流淌现象，并最终导致场地积油，应该第一时间处理干净，避免钢筋存油，另外，当混凝土成型后，还能引起看台板表面的大幅色差。必须根据相关规范的标准设置钢制模板安装质量，如表 6.2–2 所示。

模板组装偏差要求 **表 6.2–2**

项次	项目	允许偏差（mm）	检验方法
平面尺寸	高度（*H*）	+1、−2	在高度方向上，通过尺子测量平行看台板，并找出最大值
	宽度（*B*）	+1、−2	在宽度方向上，通过尺子测量平行看台板，并找出最大值
	厚度（*T*）	0、−2	通过尺子测量其支部以及端部，并找出最大值
	对角线误差	<3	在纵向以及横向上，通过尺子获取其底面对角线以及顶面，并得到最大值
侧向弯曲		*H*/1500 且 <3	拉线，在侧向弯曲部位，通过尺子获取其最大处
		B/1500 且 <3	
翘曲		*L*/1500	对角拉线，获取不同交点间距的两倍以上
底模表面平整度		<2	2m 靠尺和塞尺量测
组装缝隙		<1	塞片或塞尺量测
端模和侧模高差		<1	用尺量测

（2）清水混凝土质量控制

1）原材料

若要使清水混凝土工程的质量满足要求，必须提高原材料的质量。为满足各方面的性能以及外观的设计需求，应该根据以下标准选择混凝土原材料。

①水泥。水泥必须满足以下要求，即各个批次具有相同的均匀的外观颜色，质量稳定，颗粒大小适度、颗粒充分分布，另外，碱的含量应相对较小，不能存在早强现象，具有较低的 C_3A 含量，与外加剂具有较好的适应性等特点。

②骨料。在混凝土中，如果砂的含量偏高或者不合理级配，均会使其硬化后的外观颜色不均匀，或出现泌水现象等，应用最多的是中砂，其中的泥土、泥块含量均应在 1.5% 以下，另外，应保证合理的级配，并选择低碱活性骨料。另外，在石子的选择上，必须结合混凝土的含泥量以及相关级配情况。以大小为 5.0~25mm 的公称粒径最佳，其中，泥块含量应在 0.5% 以下，含泥量应在 1.0%以下的粗骨料颗粒，并应用低碱活性骨料。

③混凝土。混凝土可以在一定程度上提高其后期强度，充分地优化其和易性，有助于增强其耐久性。

④外加剂。清水混凝土必须格外关注外加剂的质量，若水泥、外加剂、掺合料之间适应性较差，混凝土极易产生坍落度过大、泌水等问题。在混凝土配合比设计当中，

为有效地提升其和易性，目前，通常在减水剂内添加引气剂。混凝土的实际外观质量，在很大程度上取决于外加剂中引气剂的含量与品质，如果选择的是高品质的引气剂，那么，会形成较小的均匀分布的气泡。同时，应避免将增稠组分应用于混凝土的外加剂内，这将在一定程度上抑制气泡的排放。同时，应根据工程泵送情况选择合适的减水率，若减水率偏大，混凝土会出现用水敏感的问题，不易调整混凝土的坍落度。

⑤配合比设计。在混凝土配合比方面，既应该结合坍落度、强度等级等方面的需求，又应该考虑和易性以及流动性等问题。配合比应进行专项设计并进行试验确认，构架制作应严格执行配合比各项参数要求，不得随意更改。

2）清水混凝土浇筑

浇筑混凝土前，必须逐一检查所安装的埋件以及钢筋、支架和模板的情况，达到要求后才能继续浇筑混凝土。应避免钢筋上粘附油污，若出现这种情况，应该及时地清理干净。浇筑过程中，通过插入式振动器进行充分的振捣，其中，以插入 30cm 最佳，一直到混凝土外观平坦均匀，不再下沉，形成薄层水泥浆、没有明显的气泡上升为止。浇捣期间，振捣设备应尽量避免长时间接触钢筋、模板、预埋件等，另外，应严格禁止在浇筑过程中随意加水的行为。

在混凝土的浇筑过程中，应确保连续一次浇筑成型。在混凝土浇筑期间，必须定期查看预埋件、模板、钢筋骨架的情况，若不正常，必须立即中断浇筑，待处理完毕后再浇筑。

构件制作中每班须留置 28d 强度试块一组，7d 强度试块一组，自然养护。脱模起吊强度试块一组，其养护条件应该与生产一致。

3）清水混凝土养护

通常对看台板构件实施常用的低温蒸汽养护，或者是自然养护方式。下面就蒸汽养护控制措施做简要说明。

蒸养可在构件表面加设一层油布，并以此作为蒸养罩，其中通入蒸汽，这是一种非常便捷的方式。在加设油布过程中，必须设置相应的油布支架，混凝土以及油布之间应该保持 300mm 的距离，创造良好的蒸汽循环环境。在不同的油布之间，必须进行紧密的搭接，应避免漏汽，同时，其大小应在 500mm 以上，其边缘必须到达地表，再通过重物将其牢牢地压住，以形成较密封的蒸养罩。

经由专门的管道，工厂中的中心锅炉房会将蒸汽传输到生产区，再由分汽缸传输到不同的生产模位，接下来，不同模位的花管会充分地喷洒所接收的蒸汽，以此方式完成养护。基于这一方式，必须保证升温以及降温速度合理，应在 15℃/h 以内，同时，温度应在60℃以内。如果蒸养温度较低，10℃以内时，应该在一定程度上提高升温时间，具体升温时间应通过试验验证并进行修正。

防污处理一般采用混凝土憎水剂，均匀喷涂看台板的清水面。

（3）预制看台板安装质量控制措施

1）构件堆放要求

在预制看台板进场后，必须根据品种、吊装次序、规格分别依次堆放，同时堆放范围应设置在吊装设备工作范围之中。型号一致的平板可集中地堆垛码放，保证各垛在5块以内，同时，针对T形看台板应设置专门的堆放区域。

对预制看台板来说，应存放在没有水坑的、干燥的、平整坚实的、排水良好的区域，另外，还应设置好车辆出入的回路。必须根据种类、出厂时间、型号等的差异制定看台板堆放场地，另外，在看台板中，应该设置稳定性较好、刚度较大的底层垫块。

2）构件吊装

看台板平面位置，在很大程度上取决于其定位放线情况。在实际测量时，应该满足精度的需求，充分地了解设计意图。安装之前，应该通过水准仪统一复测初次放线，借助橡胶垫片，对同层看台板的底坐标高进行修改，如复测后发现偏差过大，应及时处理，为保证最后安装精度做好准备工作。在安装期间，若预制看台板出现了变形、自身翘曲等问题，应该结合局部补齐法、板端对齐法等进行解决，以满足安装后的细部质量以及精度。

在对看台板进行吊装期间，应选择专门的吊具，确保看台板底面水平（图6.2–6）。通过调整使看台板连接孔与钢筋接驳器对应，可用线垂或直角尺量测，允许误差≤2mm。

看台板垂直度采用经纬仪同时复测看台板长轴端垂直面。通过定位孔、接驳器（定位筋）、橡胶垫片等，将其紧密地贴到底板上，然后，将底板部位的螺帽固定住，将方垫块调整到合适的位置（图6.2–7），用电焊焊接这一方垫块。

3）预制看台板预留孔灌浆质量控制措施

在灌浆期间，应于项目现场配置灌浆料，根据产品实际需求测算水以及灌浆料的配置，并应充分地搅拌，自注水至结束，搅拌时长应在5min以上，再将其静置2~3min；灌浆料配置完成后，必须在30min内全部用完，每个构件灌浆的时间不得超过30min。

采取机械压力注浆法进行灌浆，应该由下口开始缓慢地、不间断地、均匀地灌浆，一直到浆液由排气孔排出，此时，应及时地封住其中的排气孔，并封闭灌浆孔，同时保证30s以上的持压，然后将下口封堵，如此一来，灌浆料就可以最大程度上填充密实。

待灌浆完成后，必须立即清理构件表面以及灌浆口部位的浆液。严禁重复使用散

图 6.2-6　特质吊具

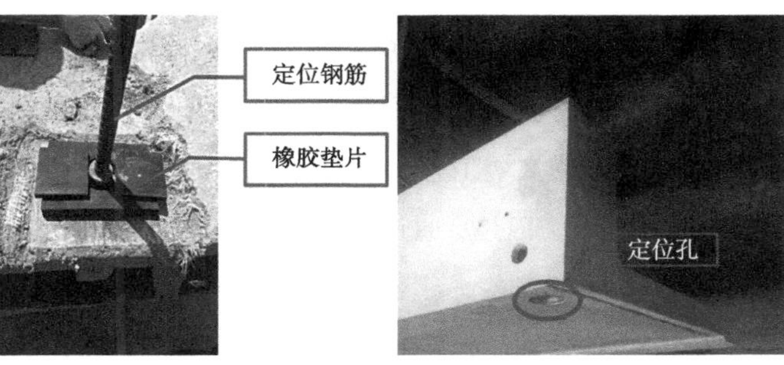

图 6.2-7　看台板连接构造示意

落的灌浆料，针对残存的拌合物，应避免重新掺入水以及灌浆料等重复使用。

4）预制看台板构件密封质量控制措施

密封施工前首先需要确认密封胶填充处的接缝的形状，尺寸以及脏污等情况，被粘接面上影响密封胶粘接的因素包括油分、灰尘、浮浆等需要去除。背衬材料的准备需要考虑接缝尺寸的公差，背衬材料的装填位置应该在既定的装填和施工误差所定位置的基础上 +2 ㎜，注意不能使接缝的深度变浅，同时装填背衬材料时，不得边拉扯边装填。

涂底涂时，使用符合接缝尺寸的毛刷，涂布时尽量均匀。另外，涂刷时不得超出接缝部分。通常来说，底涂需要 30~60min 的干燥时间。底涂面遇到降雨降雪淋湿或有异物附着的情况下，应等被粘接面干燥后进行清扫，重新进行底涂。

必须选择与主剂匹配的固化剂作为双组分密封胶，按照技术参数要求的比率配置。密封胶混合时应使用自动反转式或自动混合机进行混合，根据气温情况，使用时间不超过 2h。在经过底涂后，从接缝的底部开始填充密封胶。横竖缝交叉处打胶时，根据横竖缝关系，一般采取先竖缝后横缝的顺序施工，同时，在接头处应留设 45° 斜角，方便后续施工，且接头位置应避免在交叉或转角处设置。

影响清水预制看台板施工质量的因素还有很多，除了上述构件加工、安装、密封以外，还包括与现浇结构、钢结构接缝及连接处理、管线预留预埋等。总之，在施工前应通过充分的工艺试验、样板确认，优化设计与施工，做到质量预控。

2. 座椅

看台座椅设计需要考虑五个重要因素：舒适、安全、牢固、经济、防老化。座椅技术标准近几年呈现多样化趋势，从最初的强度和力学性能测试，发展到保证足够耐火性、耐久性和抗紫外线能力，进而提出符合人体工程学原理，兼具舒适性和实用性。通常专业足球场座椅包含有普通座椅、优等座椅、贵宾包厢座椅。每种座椅具备不同大小、功能，以满足不同受众人群的个性化需求。普通座椅强度高，可以承受较大荷载，座椅配备杯托。包厢座椅配备扶手、杯托，同时带有 USB 接口。座椅可采用高密度聚乙烯材料，中空吹塑工艺，具有足够的强度、耐火性和抗紫外线能力。

看台座椅施工主要通过螺栓打孔固定，然后进行椅脚安装，座椅横梁安装，座椅椅面及椅体组件安装，座排号安装等。材料设备管理方面，座椅式样、颜色应符合设计要求，具有结构简洁、更符合人体几何学原理的特点。如果采用人工合成板材的座椅，须提前完成甲醛释放量和甲醛含量复试。膨胀螺栓的型号、规格和质量必须符合设计要求，并有出厂合格证、质量保证书和试验报告。材料进场严格遵守进场报验制度，进场要有检测合格报告，材料进场通知监理和甲方验收，合格后方可大面积投入使用。

座椅安装前须进行测量，对现场实际情况与设计误差进行调整，预埋件要加强对防腐及焊接质量的控制，严格按照规范要求进行，如果采用后置膨胀螺栓则必须要做拉拔试验。在施工过程中要加强成品防护，避免磕碰、表面划伤等情况出现。对带有附属功能的座椅，还应符合相关的专业规范要求。

3. 草坪工程

足球场草坪作为足球运动的基础，其质量的优劣将直接影响比赛的质量、场地的使用频率及运动员的临场发挥水平。理想的足球草坪应具有一定的强度、均一性和光滑度等，能够为运动员提供一定的安全稳定性并具有降温作用，同时草坪系统具备耐践踏、排水快、通风快、少发病的优点，满足现代体育建筑多功能、高标准、高密度赛事活动使用需求。

要设计、建造和维护好一个球场，必须根据当地的资源和条件充分解决以下六点：

（1）施工方法和材料的选择；

（2）排水、灌溉和地下供暖系统的设计和质量；

（3）维修设备、系统和消耗品的可用性和质量；

（4）在自然条件不适合全年生长的地方提供补充照明和球场罩；

（5）使用适当的材料进行杂草、疾病和虫害防治；

（6）员工培训及草坪业支援服务。

设计、建造或维护不当的球场将对比赛质量产生负面影响，限制比赛次数，增加比赛被取消的风险，并且维护成本高昂。在建造高质量的球场时，需要考虑许多因地制宜的因素，包括：

（1）场地的排水和土质特性；

（2）素土层（底基层）的承载强度和形状；

（3）遮阴范围和限制空气流动的程度；

（4）需要地下供暖和 / 或球场罩系统；

（5）活动时间表和球场的计划使用情况，包括音乐会等非体育活动；

（6）因天气原因（如暴雨、冰雪、酷热或干旱）导致比赛取消的风险；

（7）改造基础设施的影响（即在现有的体育场内建造一个新的球场）；

（8）可用于球场施工和草坪建植的时间；

（9）建造和维护球场所需的资源和预算。

国内专业足球场草坪系统当前处于创新和探索阶段。传统天然草坪种植技术和草种选择已具备科学方案和成熟案例，能够符合国家规范《天然材料体育场地使用要求及检验方法 第 1 部分：足球场地天然草面层》GB/T 19995.1—2005 的规定和要求。但是在实际使用中，无法满足高密度赛事和多功能使用需求，主要问题表现在 5 个方面：草坪易翻起；赛后修补频繁；排水困难，场地易产生积水；高温、高湿天受虫害影响；负载过重，导致球场损坏过多。

（1）草坪加固系统

随着对高水平、大规模赛事举办及观赛需求的日益提升，传统的天然草坪及人造草坪已经不能够满足多功能的赛事需求，目前采用天然 – 人工混合的草坪加固系统运用越来越广泛。

草坪加固系统可将天然草坪草的质量优势与人工材料的实际加固和工程优势结合起来。一般可分为三大类（图 6.2–8）：

1）将完整的织物或人造草毯放入表面内或略低于表面，填充以天然草坪草生长的沙子为基础的材料。这种类型的系统有助于将其用作大卷草坪系统的一部分，用于立

图 6.2–8　草坪加固系统：草毯、锚固、纤维

即建立可用于比赛的场地或快速修复现有表面上的损坏区域。

2）单股人造草坪纤维，通常长 200mm，以一定的间距（通常为 20mm）垂直锚固在以沙子为主的根系中，深度为 180mm，在表面留下 20mm 的人造草坪纤维，就像草叶一样。这种类型的系统特别有利于在天然草坪草磨损后保持表面光滑和外观。

3）在铺设根系区前,有时会在根系区上层加入弹性材料或塑料（如聚丙烯）纤维，这些系统可以让坪床更加稳定，可提高根部区域的承载强度和减振性能。

关于上述三种加固系统的选取应用，应主要考虑整个草坪系统的成本；与比赛场地的预定用途相关的系统的具体特征；比赛场地的预期管理 / 维护要求；种植的草坪草种类；系统的寿命及处置成本等主要因素。

（2）草种选择

草种选择应能够适应体育场馆当地气候和土壤等环境条件，保证草坪草的正常生长，发挥其使用功能。按照气候适应性分类原则，草坪草可分为冷季型和暖季型两类。在我国大致以长江流域为界，长江以北以冷季型草坪草为主，长江以南以暖季型草坪草为主，中间过渡地带选择冷暖季型草均可。

冷季型草坪草适应于较冷的地区，经常在足球场上使用的草坪草包括多年生黑麦草（Lolium perenne）、光滑的草甸草、草地早熟禾（Poa pratensis）和高羊茅（Festuca arundinacea）。暖季型草坪草适应于热带地区，常见的有狗牙根（Bermudagrass）、结缕草（Zoysia japonica 和 Zoysia matrella）和海滨雀稗（Paspalum vaginatum）。

在世界上气温变化相对较大的地区，草坪草的选择尤其棘手。特别是具有大陆过渡带气候和某些地中海 / 夏季干燥亚热带气候的国家。在这样的气候区，冷季草类很难适应夏季的条件，高温下，水和可能的盐分积累可能是重要的问题。相反，暖季草不能忍受寒冷的冬季条件，往往会变得褪色和休眠。因此，在冬季来临之前，经常需要将暖季型草坪草与冷季型草坪草混播。这种过渡是草坪管理中最具挑战性的方面。

（3）地下供暖和球场罩系统

地下供暖系统使用地埋水或填充乙二醇的管道（少数系统使用电线代替管道）来加热场地，以帮助在冬季保持无霜无雪的场地，并在冬季结束时加快草坪恢复。地下供暖系统（通常为燃气或燃油锅炉）中的供暖单元通常具有低、高和待机模式，中间设置为霜冻、严寒和冰雪。使用供暖和球场罩系统主要包含以下几个关键点：

1）如果当地的气候条件经常导致霜冻或下雪，则应安装地下供暖系统。

2）遭遇霜或雪风险较小的场馆应至少投资于球场罩系统，以便在需要时提供一些保护。

3）地下供暖管道应至少在地表以下 250mm，以便地面工作人员进行必要的球场维护。

4）这些管道通常间隔 250~300mm。

5）地下供暖系统通常在球场上划分为独立的区域，以便每个区域可以单独供暖。在冬季，如果场地的某些部分比其他部分遮阴时间更长的话，这种方法尤其有效果。

6）地下供暖系统应安装在整个天然草皮区域，包括周围环境（助理裁判和球员活动范围至少 2m）。

地下供暖系统的设计和安装是一项专业性较强的工作。有些系统把供暖管直接铺设在碎石排水层顶部特殊支架上（图 6.2–9），而其他安装方法则包括使用特殊的拖拉机安装设备通过场地从表面牵引供暖管。球场罩通常与地下供暖系统结合使用，以获得最大效率。

图 6.2–9　供暖管道安装

（4）通风系统

在具有恶劣的生长环境或要举办的重大比赛（如决赛或最后的锦标赛）的足球场中，采用通风系统的需求非常必要。现在大型专业足球场通风系统主要具有以下功能和特点：

1）是强大的泵和空气分配系统，用于将调节后的空气吹入坪床结构；

2）可降低或提高土壤温度，以延长生长季节或控制草坪草休眠（图 6.2–10）；

3）也可以切换到吸入模式，在几分钟内消除表面的过量降雨，例如，如果在比赛开始前不久有一场强烈的雷暴。

在较热的气候条件下，球场边的风扇也被用来提供球场内的空气流动和一定程度的表面冷却（图 6.2–11）。一些风扇只是将空气吹过球场，而另一些风扇产生水蒸汽以在球场表面提供额外程度的冷却，但必须注意此类风扇的管理，避免增加草坪疾病的风险。

（5）人工照明系统

在 10~12h 的时间里，人工照明设备可以提供足够的光合作用的有效辐射，以促进温带（冷季）草坪草在重度遮阴的体育场中的积极生长，并允许在冬季期间从磨损中进行可接受的恢复。人工照明设备的光输出包括 400~700nm 的光合有效波长。人工照明系统实施过程中主要有以下几个关键点：

1）目前市场上最大的照明设备占地面积为 360~590m^2（图 6.2–12）。

2）通常需要 3~9 个支架，以提供足够的光照覆盖体育场球场，具体取决于遮阴的程度。

3）安装照明设备的任何决定都应基于体育场内阴影区域的详细灯光建模练习（例如 Hemiview 分析）。

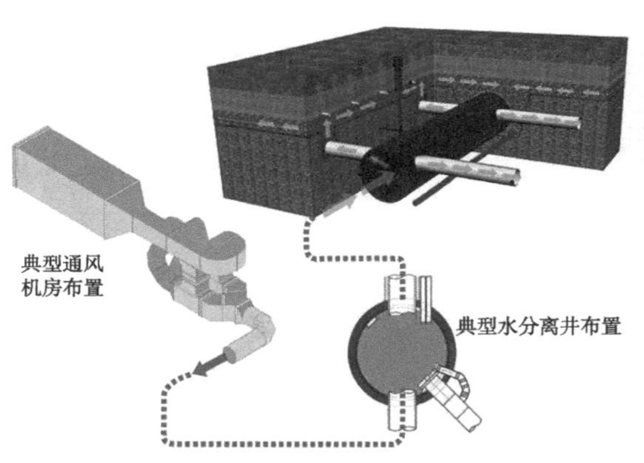

图 6.2–10　球场真空通风系统示意图

图 6.2–11　用于管理草坪健康的球场边通风和冷却风扇示意图

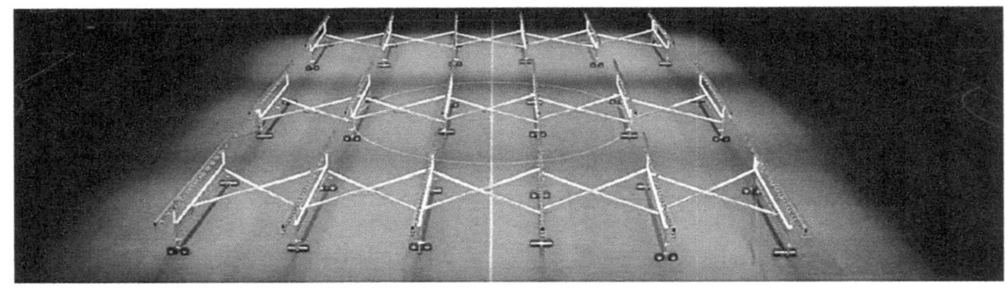

图 6.2–12　人工照明设备示意图

4）在使用照明设备时，应调整施肥和灌溉方案。

5）在安装之前，需要考虑电源布局。

6）一个完整的机组系统的平均使用时间通常为每个季度 5000~15000h。

大多数照明设备使用传统的高压钠灯技术，这也提供了一个热源——在较冷的温带气候中是一个有用的属性。这项技术的主要优点是，它避免了为了在整个冬季比赛期间保持草皮质量，每年都要几次草皮修整。对于许多体育场来说，使用人工照明来保持草坪的生长已经变得比定期草皮修整更具成本效益。然而，由于暖季型草坪草需要更高的光照强度，这种技术对于暖季型草坪草还不成熟。随着技术发展，未来几年可能会更多地使用发光二极管（LED）技术作为替代光源。

（6）灌溉系统

有多种系统用于灌溉球场（如自动移动喷头、静态喷头、炮筒喷头和弹出式喷头）。全自动弹出式灌溉系统更容易控制和管理，能够确保水的均匀分布，也可以在夜间浇水，从而减少蒸发损失。因此，在大型足球赛事中（如欧洲杯），该种系统得到了越来越广泛的应用。

合适的自动弹出式喷灌系统大约有 20 个弹出式喷头。大多数现有的灌溉系统喷头都有表面直径较小（约 50mm）的实心胶体帽。户外喷头一般位于土壤表面以下 10~15mm 处，并且不应在表面被探测到。然而，部分球场喷头较大，在这种情况下，必须用草皮杯适当地保护喷头，最终使球员更加安全——任何对球员不安全的灌溉系统都是不可接受的。自动弹出式喷灌系统在设计中，应重点考虑以下几方面因素：

1）灌溉用水（水管、钻孔等）的供应、储存和质量；

2）所需灌溉用水量；

3）灌溉用水的统一使用；

4）灌溉喷头的数量和布置；

5）“区域”或“单独”控制。

而在施工质量方面，应做好以下几方面检查和控制：

1）所有的喷头都可弹出。

2）所有喷头都以相同的速度旋转；

3）所有喷头正确收起；

4）没有喷嘴堵塞；

5）没有喷头漏水（即球场上没有湿块）；

6）所有喷头都设置在正确的高度，不会对球员造成安全风险；

7）所有喷头均正确对齐（垂直）;

8）所有喷头的尺寸都正确。

（7）草坪养护

1）修剪

修剪是建植高质量草坪的一个重要措施。修剪的质量取决于所用剪草机的类型、修剪方式、修剪时间等方面。剪草机速度太快，转弯太急，都会引起草坪草损伤。对于坡度较大的草坪进行修剪时，垂直坡面进行修剪可减轻顺坡面修剪对草坪草的伤害。

修剪时一般应以每次剪去不超过草高的三分之一为原则，这不会对草坪造成伤害，并有促进草坪密度的作用。植物的修剪时间一般选择在植物生长的两个高峰进行，一般 1~2 周进行一次，根据草种不同略有调整。修剪高度也是以草高的三分之一为原则，在草坪能忍受的范围内修剪得越低，修剪次数越多则草坪的质量就越好。

2）施肥

施肥对于草坪管理来说,与灌溉、修剪同样重要。施肥是草坪养护的主要措施之一，施肥可以及时补充土壤中养分供应的不足。

草坪生长季节施肥以磷、钾肥为主，过量使用氮肥会促进草坪茎叶迅速生长，大大增加剪草次数，使草坪草细胞壁变薄，组织软而多汁，并减少养分贮存，从而导致草坪草的耐热、抗旱、耐寒和耐践踏性降性。因而在高温、高湿季节尽量避免使用氮肥，应以钾肥为主，施肥次数应视土壤状况而定。

草坪肥料的使用计划取决于所建草坪的草种组成、人们对草坪质量要求、生长季的长短、土壤质地、天气状况、灌溉频率、草屑的去留、草坪周围的环境条件（避阴程度）等方面。有经验的管理人员可根据草坪草的外部表现情况确定草坪的肥料供给水平。

3）杂草控制

以植物分类学特点区分，草坪杂草可分为单子叶杂草和双子叶杂草两大类，依据防除目的，杂草的类型又分为一年生禾草、多年生禾草和阔叶类杂草等类型。

草坪杂草的防除首先要了解杂草的发生规律，夏季是杂草多发季节，一年生杂草危害较重，春季造成主要危害的则是二年生双子叶杂草。全年中，草坪杂草的发生一般表现出双子叶杂草→单子叶杂草→双子叶杂草的顺序发生规律。依作用原理，杂草的防除包括人工拔除、生物防除和化学防除等方面。

根据杂草的发生规律，草坪杂草的防除最佳方法是生物防除，即通过选择适宜的草种混配组合，最佳播种时期，避开杂草高发期，对草坪进行合理的水肥管理，增加修剪频率，促进草坪草的长势，增强与杂草的竞争能力，抑制杂草的发生。对于选择性除草剂。目前，我国在草坪植中的芽前除草剂的使用相对比较安全，且效果较好。但对这类除草剂的使用一定要慎重，应在专业人员的指导下进行。

4）病虫害的防治

病虫害的防治在草坪管理中有极其重要的地位，应引起草坪管理者的高度重视。

草坪病害可分为两大类：一类是由生物寄主（病原物）引起的，有明显的传染现象，称为侵染性病害；另一类是由物理或化学的非生物因素引起的，无传染现象，称为非侵染性病害。

非侵染性病害亦称生理性病害，决定于草坪和环境两方面的因素。包括土壤内缺乏草坪草必需的营养，或营养元素的供给比例失调、水分失调、温度不适；光照过强或不足；土壤盐碱伤害；环境污染产生的一些有害物质和有害气体等。由于各个因素间是互相联系的，因此生理性病害的发生原因较为繁杂，而且这类病害症状常与侵染性病害相似且多并发。

侵染性病害的病原物主要包括真菌、细菌、病毒、类病毒、类菌质体、线虫等，其中以真菌病害的发生较为严重。

草坪草的虫害，相对于草坪病害来讲，对于草坪的危害较轻，比较容易防治，但如果防治不及时，亦会对草坪造成大面积的危害。

草坪病害的防治要遵照“预防为主，防治结合”的原则，了解主要病虫害的发生规律，弄清诱发因素，采取综合防治措施。

首先要种植抗病虫性品种：随着引进草坪品种不断增加，不但要了解品种的生活习性，还要对其抗病虫性进行筛选。含有内生真菌的品种，其抗虫性明显增强。其次是草坪养护管理措施：合理施肥，在高温、高湿季节增施磷钾肥，减少氮肥用量；合理灌水，降低草坪湿度，选择适宜的浇水进间；适度修剪，修剪时严禁带露水修剪，保持刀片锋利，对草坪病斑要单独修剪，防止交叉感染，修剪后对刀片进行消毒，病害多发季节可适当提高修剪留槎高度；减少枯草层，可通过疏草，表施土壤等方法清除枯草层，减少菌源、虫源的数量。再次是采用药物控制：防治草坪病虫害的主要药剂为杀虫剂，杀螨剂和杀菌剂等，使用时应严格按照使用说明进行，防止产生危害。

（8）实际案例

为更好地阐述足球场体育工艺的灵魂——草坪系统，结合工程实际情况，对草坪工程实施全过程各工序质量控制要点加以总结，下面以上海浦东足球场为案例进行描述。

上海浦东足球场为一座约3.3万座的专业足球场，以满足未来上海承办顶级赛事的需要。建成后将承担中超比赛、足协杯、亚冠、亚洲杯和世界杯等高水平赛事，草坪系统需对标高标准的场地条件，满足高密度的比赛赛程要求和高水平的赛事工艺。

项目涉及场地主要分为两部分，1片内场和2片外场，内场下方有结构底板，板顶距离场地面层平均约1.85m，为自然覆土；外场下覆土大于1.5m。三片足球场均为11人制标准足球场地（内场1片比赛场、外场2片训练场，见图6.2-13），比赛场地尺寸105m×68m。内外场均种植天然草+草坪根部加固系统，内场同时完成根部通风排水及喷灌系统。内外场草坪均满足国家规范及FIFA相关要求。

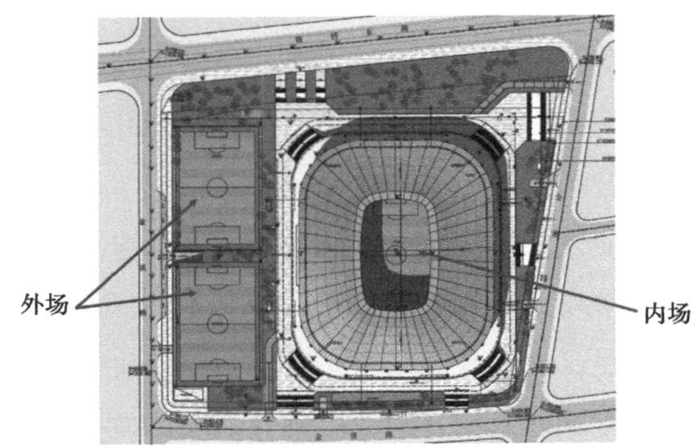

图6.2-13 浦东足球场平面图

1）草坪系统工艺特点

上海浦东足球场内场及其两片外场都使用Desso GrassMaster锚固草系统，以人造草纤维来改良天然草坪。

锚固草坪要求符合国际足联（FIFA）关于加固草坪的相关标准，每片球场草坪为95%天然草坪和5%锚固草丝纤维组成。锚固草系统是在纯天然草内植入5%的人造草纤维，通过高精度设备将约2000万株20cm高的人造草纤维以2cm×2cm间距植入草坪。纤维深度为18cm，地面以上为2cm，为天然草坪提供有效的支撑。

草坪系统由基础结构、坪床结构、地下通风系统、天然草播种/锚固草坪几方面构成。

2）施工质量控制措施

通过对浦足项目草坪系统工艺特点梳理，针对草坪系统主要组成部分，总结以下控制措施：

①专业足球场一般要求龟背起坡，基础施工前测量控制要求精度高，测量复核须核对起坡点是否准确，并通过对整个场地进行网格划分，复核关键设备基础位置（管道、门柱等）。

②基础回填土必须分层夯实，其质量水平好坏严重影响成坪后使用，是关键控制指标。压实系数最好达到0.95及以上，最低不得低于0.90。施工过程中须严格执行检测标准，根据场地面积、分层数量划分检测位置、频率，过程中及时做好各项记录，确保基础回填土施工符合设计及规范要求。

③床坪结构上、下沙层回填须严格按照级配配置，最大粒径不宜超过 8mm，如浦东足球场级配如表 6.2–3 所示。

沙层颗粒级配　　　　**表 6.2–3**

序号	粒度尺寸（mm）	可接受范围（% 通过率）
1	8	100
2	2	97~100
3	1	95~100
4	0.5	65~95
5	0.25	20~45
6	0.125	5~15
7	0.063	0~5
8	0.002	0~3

在回填前须核查级配报告，明确各粒径配比情况，并通过取样试验重点控制饱和倒水率、孔隙度、pH 等关键指标，确保符合设计要求。

④通风系统又称为草坪的呼吸机，对草坪系统的良好使用起着关键的作用。上海浦东足球场因穹顶式建筑结构及气候原因，极容易导致场内形成高温高湿的小气候环境，非常影响草坪的生长发育，极易致使草坪发病、枯死。应用草坪地下通风系统，可以帮助足球场管理人员在管理草坪时克服天气和季节造成的困难，通过对足球场坪床的通风，起到快速降温除湿的功效。

通风系统主要由风机系统、控制系统和通风管道系统组成，具有通风及场地地下排水功能。其中风机及控制系统为国外整机定制产品，因此，应根据自身项目情况，实施前协调专业单位、建设单位、监理单位、运营单位，明确系统效果量化指标，制定各方均认同的验收标准。

⑤天然草播种及养护

根据项目所处地的天气情况，选用合适的季节性草种播种。对于大型场馆需要跨季常年运营的情况，可选用冷季型、暖季型草种交替播种的方案。播种完成，养护工作是关键，监理应根据项目及工艺特点，重点对草坪修剪、补沙、施肥、除虫、喷灌重点工序明确检查要求及验收标准。

4. 照明系统

随着现代体育赛事和媒体对体育场馆转播要求不断提高，照明标准进一步迭代更新，世界主流体育场馆的照明设施都已使用大功率LED灯具。由于LED灯具能够实现瞬时启动、连续调光、恒流明、频闪控制、色温控制和远程智能控制等，为照明控制、管理和特殊的舞台效果的呈现带来革命性的变化。

随着LED照明技术的整体提升和足球竞技转播清晰度要求的日益提高，足球场照明设计标准在近20年内更新极为频繁。现代专业足球场不仅要满足国内顶级赛事要求，也需要符合国际顶级赛事的要求，故照明设计在基于国家标准《体育场馆照明设计及检测标准》JGJ 153—2016的基础上，还要参考国际足联（FIFA）、欧足联（UEFA）、亚足联（AFC）等技术要求文件。目前顶级足球场一般都根据FIFA 5级标准要求设计，水平平均照度不小于3000lx，垂直照度不小于2000lx，照度均匀度最小照度与最大照度之比U1不小于0.7，水平照度最小照度与平均照度之比U2不小于0.8，从而达到具有能够转播国际重大赛事的使用条件。

照明系统施工质量控制措施主要包括以下几方面：

（1）协调建设单位、运营单位、专业单位做好图纸会审工作。针对照明系统深化设计，应重点审查灯具、光源与招标文件及标准的一致性，照明控制系统是否符合运营单位使用需求，灯具列表、位置坐标、瞄准角是否齐全，照度计算书以及安装大样图等。

（2）电气系统安装调试可参照常规电气设备安装调试验收标准执行。

（3）对灯具等设备须对重点指标进行核查，明确灯具的防护装置、性能指标（显色指数、色温）、防眩光装置、定位调角装置是否配置齐全且符合设计要求。

（4）灯具应尽量要求均匀安装，确保结构安全。

（5）灯具进场前应要求完成出厂预瞄准调整，减小安装后调试误差。

（6）灯光系统调试前要求专业单位完成场地网格划分，标志每个灯具瞄准的位置。根据调试方案分区对调试进行抽查复核，抽查比例可自行确定。

复核工作应重点做好以下几点：

（1）调试前应做好当天天气情况记录，并记录照明配电柜和电器箱输入电压；

（2）检查灯光照度模式与开启灯具时间是否满足调试方案要求，并对照度测试结果当场核查并做好记录。

（3）当测试结果与设计值出入较大，对该灯具编号做好记录，要求专业单位进行调整，验收将对出现问题的灯具重新复核，确保效果达标。

5. 计时计分及现场成绩处理系统

计时计分系统是一个负责各类体育竞赛技术支持、比赛场地的数据采集和分配的专用系统。它负责各类体育竞赛结果、成绩信息的采集处理、传输分配，即将比赛结果数据通过专用技术接口界面、协议分别传送给裁判员、教练员、计算机信息系统、电视转播与评论系统、现场大屏幕显示系统等。

计时计分系统是体育竞赛的重要工程项目，是关系到竞赛成败的关键工程。每一个单项体育竞赛都具有对应的专门计时计分工作系统。这些工作系统虽然各不相同，但又都是各单项成绩处理系统的前级数据采集系统，除了提供计算机成绩处理系统、竞赛数据以外，还需要在部分项目中连接电视转播等其他工作系统。因此，计时计分系统需要极高的工作稳定性和可靠性。

按照赛事类型分类，计时计分系统分为竞速类项目（田径、游泳等）、评分类项目（体操、跳水等）、计环与计分（射击、举重等）、对抗类项目（足球、篮球等）。其中，对抗类项目又可分为评分形式对抗类和计分形式对抗类，显然，足球比赛属于计分形式对抗类项目，因此，足球赛事计分系统具有该类赛事计分简单直观、观众可对比赛结果直接判断的特点。此外，足球赛事计分与成绩处理系统是同时为现场显示系统和电视转播系统提供服务，此类设备一般要求长时间的连续使用，因此需要具有较高的可靠性和稳定性。

（1）系统组成

足球场计时计分与成绩处理系统主要包括：赛程与赛事信息处理系统、计时计分操作系统、LED 屏幕显示模板处理系统、显示模板关联处理系统、显示控制处理系统、大屏显示处理、报表及成绩处理系统。

（2）施工工艺

足球场计时计分与成绩处理系统施工主要包含两大部分，其一为 LED 屏幕等硬件设备安装，过程中主要包含钢结构工程、机电安装工程，其施工质量控制措施可参照常规钢结构安装及机电系统安装施工质量控制标准。除此之外，还包含整个系统的调试工作，包括本系统内调试以及与其他体育工艺设备联合调试（如扩声、照明系统等）。

（3）系统调试

计时计分系统的建设是软件工程项目，由于需求复杂且专业性强，所以一次性运行使用的成功率很低，要达到体育竞赛的正常使用要求，必须经过多层面反复调试而全系统的联调与合练就更为重要。

1）网络调试。以场馆网络中心机房为核心进行网络系统的连通调试，全方位调试骨干网、本地网、场馆网与各特定信息点的网络连通情况并测试网络，确保网络系统的可靠性和安全性。

2）系统联调

系统联调必须在网络连通、各种计算机设备到位的基础上进行。系统联调是网络和应用与服务系统的联合调试，系统技术内容广泛、工作协调量大，需要进行多次调试。系统联调以竞赛信息系统为核心，各单项现场成绩处理系统按计划选择有代表性项目进行模拟编排，结果和比赛成绩模拟要求覆盖竞赛全过程。综合成绩处理系统模拟统计比分，并提供互联网进行查询。

6. 扩声系统

体育建筑中为满足比赛、聚会等活动的扩声音响设备被称为场地扩声。场地扩声系统设置在场馆的竞赛区、观众区，并作为语言及音乐兼用，与建筑声学设计、环境噪声控制相结合，统筹考虑。场地扩声系统满足体育建筑赛后运营的使用要求。

专业足球场扩声系统一般包括观众区扩声系统、比赛场地扩声系统、适应环境噪声的广播声级控制系统、检录处扩声系统、场芯及主席台扩声系统五部分组成。各部分技术标准要求如下：

（1）观众区及比赛场地扩声系统

观众区及比赛场地扩声系统要求其扬声器系统能够提供严格控制的覆盖模式和高输出功能，既能够单独使用，也可以在多个单元阵列中使用。同时，还要求设备具有较好的耐久性，能够在极端天气情况下长期使用。观众区扩声系统扬声器大多采用分布式布置，能够均匀覆盖观众区，为整个观众区扩声。

（2）广播声级控制系统

足球场广播声级控制系统一般由音频处理器、噪声测试话筒组成。在比赛中能够自动识别观众区噪声，同时能够自动或手动调整扩声系统的输出功率。

（3）检录处扩声系统

检录处扩声系统一般包含球员入场区、主客队门厅区这些区域。其中入场区一般将扬声器安装在球员通道中，并与主扩声系统连接。主客队门厅区扩声一般采用流动式扩声系统，包含扬声器及无线话筒等，可独立使用也可与主系统共同使用，可根据需求预设多种模式，构成简便，满足多功能使用需求。

（4）场芯及主席台扩声系统

考虑到视频转播、现场采访、现场小型活动等需求，会存在较多的第三方流动扩声设备接入场内扩声主系统，因此，一般会在场芯及主席台区域设置音频系统接入面板，扩展主扩声系统，同时，通过在主席台区域设置额外的扬声器，能够单独服务于该区域的扩声使用需求。

足球场扩声系统施工主要包含结构施工（扬声器支架等）及机电安装工程，需要特别指出，足球场扩声系统扬声器安装是扩声系统施工的重要工序，不同于其他场馆，专业足球场扩声系统扬声器通常在屋盖上端或借助马道进行安装，因此施工质量控制要特别关注扬声器高空安装，如借助场馆结构进行固定，需要经原结构设计进行荷载验算，确保结构安全稳定。

需要指出的是，足球场扩声系统在设计阶段必须要进行声学模拟分析，目前业界大多通过专业声学软件 EASE 进行模拟，该软件具有较高的权威性，被世界各大音频制造商所认可。一般声场模拟包括最大声压级、稳态声场不均匀度、传输频率特性、语言清晰度等指标，其各项模拟项目标准可参照《厅堂、体育场馆扩声系统设计规范》GB/T 28049—2011，目前大型足球场场馆均参照该规范一级指标，如最大声压级≥ 105dB，语言传输指数要求 1.9s 混响时间大于 0.5s 等。

6.3 工程施工阶段投资控制

体育项目有着较为复杂的专业系统，与建筑本身的结合至关重要，专项工艺系统及设备的投资控制占据了相当的份额。例如电力设备、体育工艺（声光电、体育场地、体育器材）、赛事弱电智能化系统、运维管理与运营管理系统，因此项目的投资控制尤为重要。施工阶段投资控制的主要目标为使施工阶段费用支出有计划、有控制，提高项目资金的使用效益，确保项目的建设总投资控制在批准的预算范围之内。

6.3.1 施工阶段投资控制工作内容

（1）熟悉项目投资控制目标，制订投资管理制度、措施和工作程序，做好施工阶段的投资控制。

（2）审批工程进度款支付，审核工程变更及签证并备案，做好用款计划、月报、年报、年度投资计划等统计工作，建立分管项目的合同、支付、变更、预结算等各种台账；负责对项目投资进行动态控制，处理各类有关工程造价的事宜，定期提交投资控制报告；参与甲供材料设备招标工作。

（3）定期组织召开造价专题会议，解决造价问题争议，建立投资控制台账，督促完善设计变更等程序。

（4）负责办理工程量清单复核报告审批手续，检查督促造价咨询单位、监理及时审核工程量清单复核报告、设计变更及现场签证等，督促专业工程师及时办理设计变更、现场签证等审批手续。负责检查催办专业工程师招标阶段的结算资料收集整理和归档情况。

（5）负责工程结算的审核并配合报审计局审定；负责对项目工程造价进行经济指标分析,负责提交结算审核事项表；参与结算资料整理归档；配合财务办理竣工决算；负责审核结算款、保修款，协助办理审批手续；结算完成时间和程序严格按照相关规定及发包人的相关要求，控制单项结算造价和项目实际结算总造价。

（6）工程投资控制月报制度

1）每月 25 日前，应编制当月的投资控制月报。

2）投资控制月报应包括上月工程款支付情况、工程形象进度、工程完成投资额、承包商人员和机械设备投入情况、工程质量情况、检测资料、数据、工程设计变更及投资增加情况，提出问题，查找原因，并提出下月的工作建议。

3）对于有特殊要求的情况，可考虑编制投资控制双周报。

（7）投资控制工作总结制度

1）在工程竣工验收后，应向建设单位提交该项目的工程投资工作总结，该总结作为工程咨询工作的一项竣工验收资料，并报送建设单位资料室备案。

2）投资控制工作总结报告内容应包括并不限于：工程概况及建设全过程情况、造价咨询工作手段、造价管理情况，设计变更的内容、原因、造价审计中存在的问题及解决办法，对项目造价管理工作的评价与分析（包括但不限于概算与结算情况对比分析），工程遗留问题的总结与分析等，并提出合理的建议。

6.3.2 投资控制工作方法

（1）明确投资控制目标

建立项目投资控制体系和制度（包括项目预算、成本跟踪、资金支付等方面），规范项目建设资金计划、使用、审核等行为。

（2）审核管理工作目标

复核造价咨询单位提供的工程结算文件及依据，协助招标人完成工程结算、决算，使其不偏离项目成本计划。

（3）动态管理工作目标

1）有效分析、评估各类工程变更、签证、索赔等对工程投资控制产生的影响，重大变更及时反馈建设单位以供决策；

2）有效监控合同中各类费用调整因素和计费依据的变化与波动，提前预警并降低各种导致造价超支设计概算因素的影响。

（4）工程进度款审核支付

1）主要把握支付金额、支付时间及预付款保函的有效性，并及时做好预付款使用的监督和反馈。

2）预付款合同条款审核时要注意预付款的使用效果，充分发挥预付款对工程前期准备及工程进度带来的积极效果。

3）预付款的抵扣要与形象进度相匹配，不宜过早抵扣。

4）严控工程计量：对于大型项目而言，进度款支付的最关键因素是工程计量。要严格按照现场施工进度审核工程量的申报数目，对于变更、签证等新增工程量，结合变更控制手段，在审查进度款支付时严格依据有效文件进行审核。

5）编制资金使用计划：根据施工段设立投资控制点，并根据承包方组织设计和施工网络计划编制工程资金的月使用计划，这样既可以保证月工程进度款的按时支付，又可以减少资金占用利息。对已拨付工程款的使用加强监督，防止施工方挪做他用。

6）建立台账制度：通过建立工程台账制度使进度款审定和支付做到公平公正，保持合理状态。承包方每月按期向监理提交该月度内实际完成的工程量、付款申请及工程形象进度报告。监理必须在合同约定的时间内进行审核，并与承包方达成共识，然后报建设单位作为进度款支付的凭证。在这一过程中建立起工程量台账与进度款台账，有效结合资金使用计划实现预控。

7）预控措施：按合同原则和相关规定，及时审核签认承包商报送的计量支付资料。审核承包商报送的新增工程项目的数量、单价、费用等，并对审核的工程量、费用的准确性承担责任。及时批示变更工作。督促承包商按照项目规定的流程及时办理变更报批手续。协助主持变更处理会议，审核变更相关资料。

6.3.3　投资控制关键工作

（1）预算、结算控制

工程预算是指在工程建设过程中，根据不同设计阶段的设计文件的具体内容和有关定额、指标及取费标准，预先计算和确定建设项目的全部工程费用的技术经济文件。它是对建筑工程建设实行科学管理和监督的一种重要手段。

（2）施工预算控制

工程量清单编制的基础是准确完善的施工图纸。在进行工程量清单编制时，应从业主方角度审核图纸，是否有过度设计、是否存在常发生变更索赔的设计点，认真核对不同专业图纸中的尺寸及标注，避免因图纸的质量差、内容充满各种漏、错和矛盾而在施工中全面暴露，从而引发大量的设计变更和现场变更。作为工程量清单编制前期基础工作，应强调与关注施工图审图，为达到投资控制的最终目的，应将招标投标期间的工程量清单编制与施工图审图结合起来。同时注重建筑设备及体育工艺设备选型，在面向运营的基础上，综合考虑体育馆、体育场的赛事、全民健身需求选择合适的体育工艺设备及系统、智慧场馆系统，既要满足品质要求，又要避免夸大浪费，流程控制详见图 6.3-1。

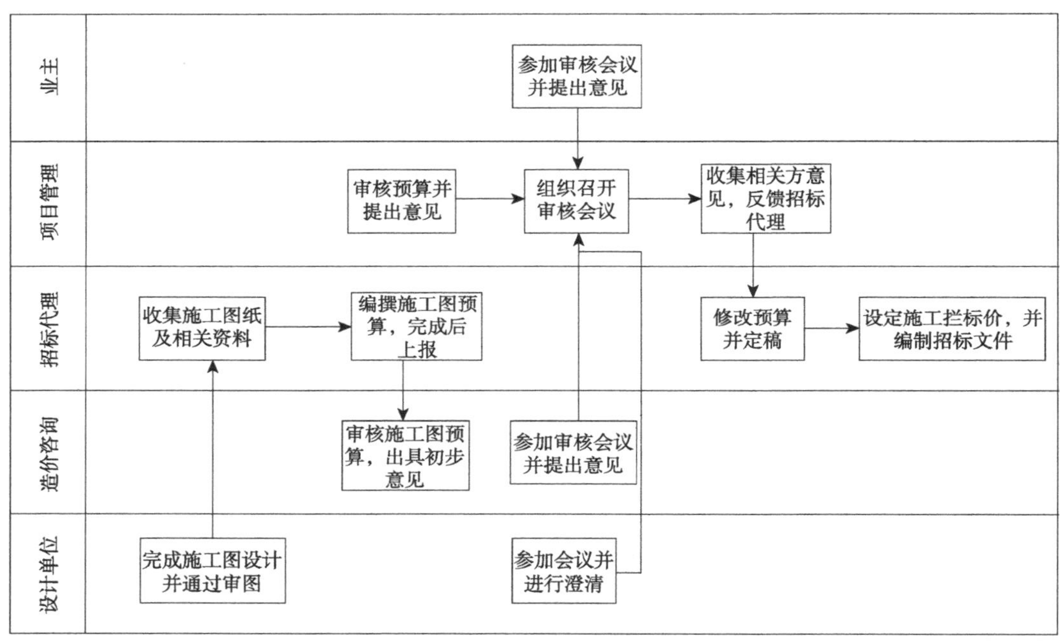

图 6.3-1　施工图预算控制流程

（3）竣工结算控制（表 6.3-1）

（4）变更签证审核

现场签证管理：对于签证管理，要做到有理、有据、有节，并且要讲究管理的及时性、有效性和规范性。在现场签证的过程中，从监理对签证的理由是否正当、签证的依据是否完整以及签证的费用计算是否准确等方面进行审核，并将信息传递给建设单位。建设单位在收集到监理反馈的信息后，针对工程中出现的实际情况进行签证的批复。

变更管理：监理发出变更指示应说明变更的目的、范围、变更内容以及变更的工程量及其进度和技术要求，并附有关图纸和文件。审核工程变更时，要对影响工程造

工程竣工结算控制要点及措施　　表 6.3–1

控制项目	控制要点及措施
竣工图纸的审核	竣工图纸的确认，尤其是工程变更及技术核定单内容的审核，并把它们如实地反映到竣工图纸上； 未变更部分：注重竣工图与施工图的一致性； 变更部分：注重变更部位与变更依据的一致性审核； 竣工结算争议部分：以招标文件、图纸与合同等为依据，日常记录为辅助，力求实事求是
结算报告的审核	费用构成的复核； 子项目套用清单 / 定额是否正确； 对材料单价确定和合价计算的审查； 措施费是否与已审批的施工方案相符合； 各项收费费率是否符合本地相关规定； 建设单位与施工单位的事前约定是否有书面文件及约定的有效性审核等
计价审核	合同内部分：按照合同工程量清单形式，变量不变价进行审核； 合同外部分：一份变更依据对应一份费用，逐项审核、统计； 争议部分：计量计价原则不清晰的子目，以专题结算会议纪要确定计价办法； 闭口包干合同：按照清单工程量，依据合同约定价格调差条款计价

价的各个因素详加分析，对多个技术方案进行筛选，并进行技术经济分析比较，尽量减少变更费用。变更金额的审批较繁琐，为避免影响工程进度，应适当缩短审批程序。另外，对已批准并下发了变更工程实施单的工程，可以先将该款项列入暂定金额予以支付，变更手续完成后再予以调整。

签证审核控制要点及措施详见表 6.3–2。

工程签证审核控制要点及措施　　表 6.3–2

控制项目	控制要点及措施
变更签证依据效力审查	审核流程中涉及的单位是否人、章齐全以及意见签署的具体指向，尤其是建设单位对费用是否调整的意见。 对于调价意见签署不明确的单据，一般采取以下两种措施： 建设单位补充完善签署意见，具体明确是否调价； 召开专题会议并形成书面会议纪要，纪要中对索赔事件的起因和计费规则等尽量细化，以达到造价工程价格审核的深度
变更签证有效性审查	作为工程费用索赔的依据文件，除在施工程中产生的单据外，还有进场前形成的工程招标及答疑文件、工程量清单、工程施工合同等。 施工过程中，造价工程师要不断熟悉给付的依据性文件，即使建设单位、设计单位已经同意，也仅是对技术层面的确认，费用是否成立要依据其他文件来综合判断
索赔和反索赔的审核	费用索赔和反索赔需要由建设单位和施工单位更高层级领导参与谈判，以会议纪要的形式记录费用的计费原则和各自承担比例。 以合同为依据及时合理地处理索赔，注重现场取证和依据取证，过程记录翔实、费用准确、流程规范。 受理索赔文件，审查索赔事件的合理性、合规性。 编制索赔事件费用的准确计算书及审核报告。 作为调解人调解争议，阐述审核意见并建议解决办法

现场签证审核流程详见图 6.3–2。

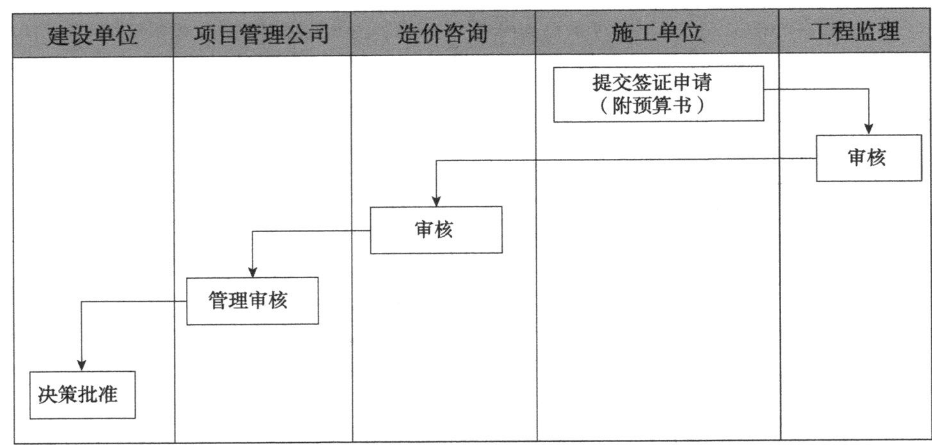

图 6.3–2　现场签证审核流程

（5）材料设备采购审核

1）材料设备采购要点

考虑体育场馆建筑功能需求的重要性、结构使用年限的长久性，建议场馆所用的材料设备根据所占造价比重以及维护的难易程度，分为甲供料和乙供料，设备中重要的电梯、发电机、场地灯光、场地扩声设备等应采用甲供，部分重要设备约定品牌。而对消防、暖通、弱电、强电、装修装饰等专业工程，部分同一标准化的大宗材料及设备产品建议采用统一采购形式，这样有助于节约施工工期，便于统一管理，合理安排加工生产，同时方便后期维护和检修。针对可进行统一采购的设备产品列清单初步建议。

2）面向运营需求紧紧围绕体育场馆智能化系统及设备专项采购

为了充分体现现代体育设施的时代特色，本着功能齐全、应用新颖、投资合理的宗旨，充分体现可持续发展理念，即必须将计算机技术、网络技术、控制技术、通信技术、图形显示技术以及建筑技术有机结合，充分利用建筑智能化技术、数字网络技术、远程音像传输技术、图像显示技术、知识管理技术、数据发掘技术以及数据仓库技术等先进技术，使体育馆能更好地为运动会和群众文化体育活动提供多种综合功能服务。充分体现保证安全性、提供服务功能，节省运行成本，加强市场竞争力，不仅满足体育比赛需要，还要满足日常事务管理要求，更要满足场馆设施综合利用及经营活动的要求，满足体育产业化发展的要求。因此，在面向运营的前提下，要紧紧围绕体育工艺系统及设备进行专项的采购策划，确保“前期论证充分、过程采购及时、施工工法得当、调试运营高效”的工作目标，详见表 6.3–3。

体育工艺系统及设备一览表　　　表 6.3–3

序号	类型	名目	备注
1	智慧场馆系统	专用设施系统	信息显示与控制、场地扩声、场地照明控制、计时计分、技术统计、现场影像、售检票、电视转播、标准时钟、升旗、比赛设备集成等系统
2		信息设施系统	综合布线、语音通信、信息网络、有线电视、公共广播、电子会议等系统
3		信息应用系统	信息查询与发布、赛事综合管理、公共安全应急、场馆运营管理
4		安全防范系统	电子巡更、出入口控制、视频监控
5		机房工程	
6	体育工艺	场地音响扩声设备	
7		场地灯光、灯具、路灯、庭院灯	
8		LED 电子显示屏	
9		观众座椅	
10		体育器材	
11		康体设施等	

每项系统及货物设备的采购都应在工艺充分论证的情况下，出具完善的技术规格书进行专项采购，制定合理的采购计划，确保进度与工程进度匹配，尤其是工艺机电与建筑机电之间的穿插和配合，避免出现论证不充分造成的错误和采购进度不到位导致的工期延误。

3）材料设备采购标准及审核流程

针对建筑设备及体育工艺设备两方面，建立针对材料、设备品牌及价格的标准、规范的审核流程，对总承包人采购的设备、材料或新增的设备及材料进行审核，避免以次充好，或为了经济利益进行任意替换。

以下是建议的材料及设备采购审核流程，见图 6.3–3。

各审核单位将签署意见并流转完成的文件反馈给文件的发起人，施工单位将这些审批文件收集归档作为过程费用申请和结算的依据。

暂定、新增材料设备的审核，重点审核审批流程，即技术上是否已完成技术部门的选型和参数的审核，供应商的资质和生产条件及数量是否满足工程的使用，是否有明确的签署意见；经济上暂定和新增材料设备的规格、型号等参数是否达到询价的深度，相同材料类似工程是否有使用，价格是否与市场及其他工程类似材料价格横向吻合。

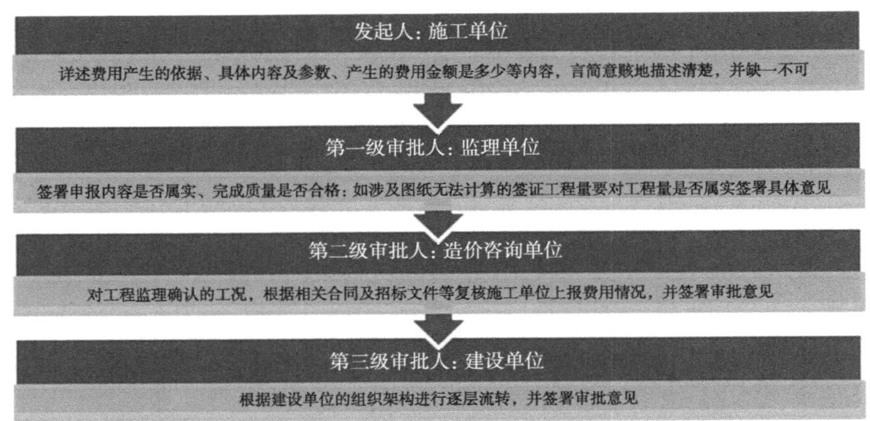

图 6.3–3　材料及设备采购审核流程（示意）

设备材料核价流程如下，详见图 6.3–4。

在国家及地方相关政策法规允许的前提下，与建设单位、造价咨询单位共同商定项目的大宗材料 / 设备集中采购方案，以减低项目的采购成本。

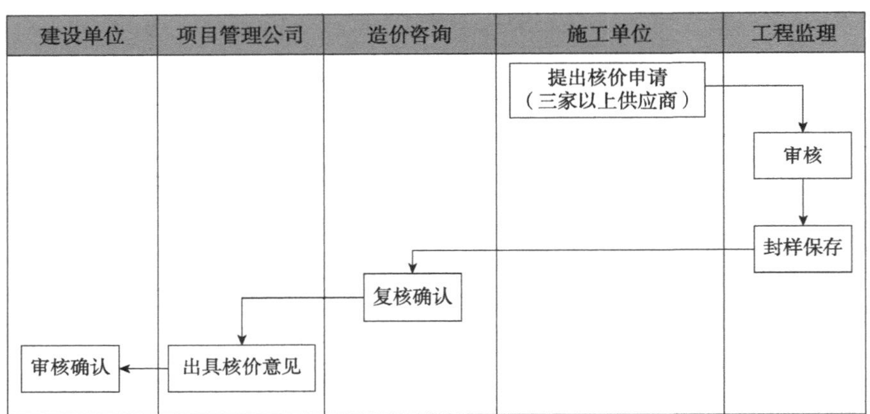

图 6.3–4　设备材料核价流程

6.4　工程施工阶段进度控制

所谓工程项目进度管理是指对工程项目建设各阶段的工作内容、工作程序、持续时间和衔接关系根据进度总目标及资源优化配置的原则编制计划并付诸实施，然后在进度计划的实施过程中经常检查实际进度是否按计划要求进行，对出现的偏差情况进行分析，采取补救措施或调整原计划后再付诸实施，如此循环，直到建设工程竣工验收交付使用。

进度管理的关键要建立满足合同关键日期和合理施工工艺、工序及合理施工组织的基准施工计划，基准施工计划需要得到业主、项目管理的批准和承包商的共同认可。除合同相关内容调整或关键日期索赔获得业主认可，基准计划一旦确立，在整个施工过程中将不再进行调整，典型的流程详见图 6.4–1。

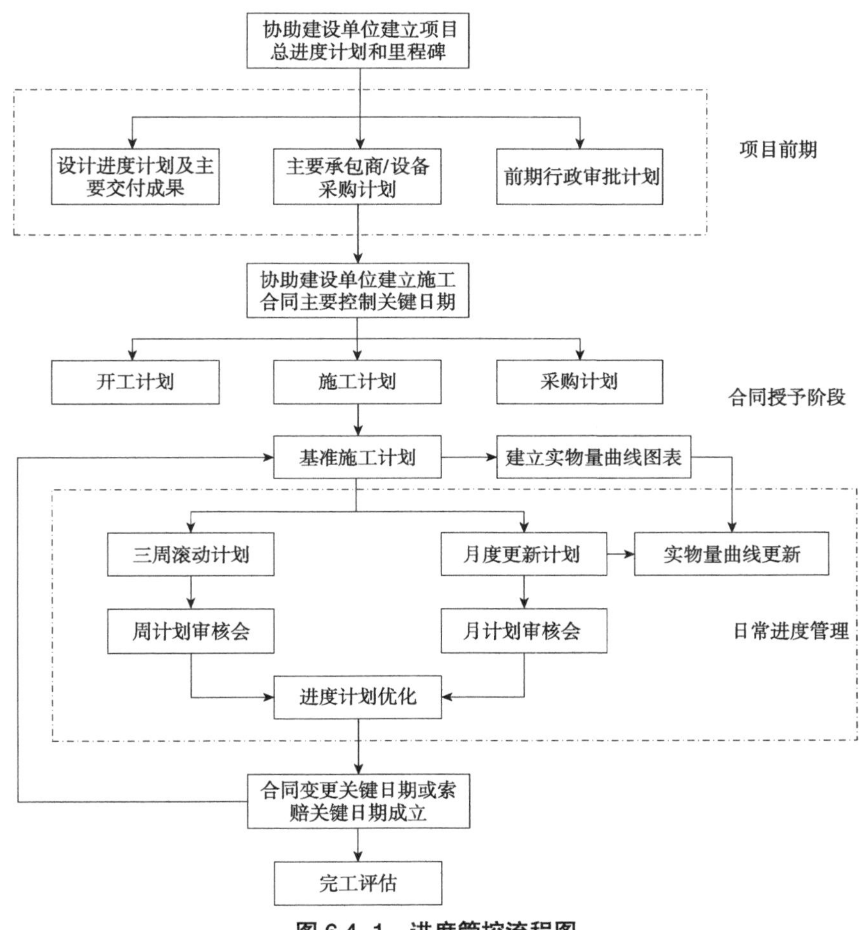

图 6.4–1　进度管控流程图

6.4.1　进度控制工作内容

1. 施工准备阶段

（1）全面收集真实、可信的信息资料。

（2）配合业主编制项目总体计划，并对该计划进行科学分析，确保其可实施性。

（3）编制进度计划并通过审核。施工单位初步制定切实可行的进度工作计划，由监理和项目管理部负责对其进度计划进行审查批准。可与施工组织设计的审查合并办理。审查需根据工程条件全面分析合理性、可行性。经批准的进度计划由项目总监签署实施。

（4）施工进度跟踪对比报告，动态控制项目进度，确保项目按预定的目标竣工。

（5）编制开工前准备工作计划，并配合业主做好前期相关手续办理。

（6）编制设计单位施工图设计计划，定期组织、协调设计进度专题会；

（7）配合业主制定主体建筑设计、施工总承包以及其他有关的第三方咨询单位的采购招标计划。

2. 建设实施阶段

（1）组织各参建单位根据项目施工总体进度编制二级、三级进度计划。

（2）审批各承包商报送的各分项进度计划。

（3）根据工程推进，实施监控、监管各分项任务（包括设计、施工、采购等分项）进度完成情况，并汇总项目总体进度执行情况，完成跟踪对比报告。

（4）配合审批项目施工组织设计、关键技术方案等技术文件。

（5）依据施工合同有关条款，施工图及经过批准的施工组织设计，对进度目标进行风险分析，制定防范性对策，报业主批准后实施。

（6）组织设计、施工、采购等分项进度协调会议。

（7）实施各项进度更新、变更和维护管理。

（8）配合采购部门做好采购计划的执行。

（9）配合处理各类变更，并提出进度风险分析，变更批准后，适时调整并发布进度变更计划。

（10）按时核定已完成工程进度，配合工程进度款支付。

（11）及时组织单项工程验收，保证下道工序及早进行。

3. 竣工收尾阶段工作

（1）管理、监控竣工验收、备案以及实体移交进度。

（2）组织项目竣工收尾工作进度协调会议，确保竣工收尾工作顺利进行。

6.4.2 进度控制工作方法

1. 进度控制工作策划

（1）确定进度计划编制的原则

进度计划应在所有计划网络的制定和维护中采用“关键路径法”时间表，以“日历天”为单位分配活动的时间跨度，并应计入所有的公众假期。进度计划应使用

Microsoft Project 或 P6 进行编制和维护。

（2）确定进度管理的目标

项目的进度管理目标可按照项目构成、项目实施过程、专业、阶段或实施周期进行分解。通常包括项目总进度目标、分阶段目标、里程碑目标，根据进度控制的时间间隔而制定的年、月、周目标等。项目进度的控制从第一个重要节点里程碑开始，围绕节点目标制定详细的工作计划。

根据招标人提出的项目交付使用的时间要求，与招标人进行沟通，共同确定项目的计划开工、竣工及重要里程碑节点。

（3）建立分级、分层的结构化项目进度计划体系

项目的进度计划体系包括总控计划纲要、项目的控制性进度计划和项目的实施性（作业性）进度计划。

项目总控计划纲要是所有计划的总纲文件，内容包括项目的进度目标、里程碑节点及相互关联的逻辑关系等。

控制性进度计划是对进度目标进行论证、分解，确定里程碑事件进度的计划。包括总进度计划、分阶段进度计划，若项目是由若干个子项目或单体项目组成，还需编制子项目进度计划和单体进度计划。

作业性进度计划是作业实施的依据，是确定具体的作业安排和相应对象或时段资源需求的依据。

（4）组织编制项目的进度计划

项目进度计划包括项目总进度计划、设计进度计划、报批报建计划、招标计划、施工进度计划、主要材料设备供应计划、工程验收和移交计划以及根据时间管理跨度需要编制的年度计划、月计划、周计划等。

（5）项目进度计划的实施、检查和调整

各参建单位实施进度计划，工程监理和项目管理相关人员跟踪检查，对存在的问题分析原因并纠正偏差，必要时对进度计划进行调整，涉及影响项目重要里程碑目标的进度调整应获得建设单位批准。

结合 BIM 技术，做好进度预控模拟，现场检查，进度调整推算工作，通过 BIM 技术，细化现场施工方案，提高进度执行的效率。

工程监理和项目管理对进度计划的定期检查包括周、月、年检查，不定期的检查根据实际控制目标进行。

“月度审阅”要求各参建单位应配合项目管理公司和建设单位为每次“月度审阅”

准备一份“月度工作计划更新”。“月度工作计划更新”应包括当前项目状态、此前一月完成的“工作”、所有进行中的“工作”，并说明该等进度与“节点时间表”对照的情况，以及拟采取的进度弥补措施。

“每周审阅”将实际进度与基准施工计划进行对照，一旦计划有所更新，则应准备一份“三周滚动计划”（即之前一周、本周和之后一周，见图 6.4–2）用于在“每周审阅”中讨论。“三周滚动计划”应准确反映各方工作的总体进度，包括此前一周完成的“工作”、所有进行中的“工作”、劳动力的分配、未来一周计划的“工作”以及拟采取的进度弥补措施。

xxx项目三周滚动计划

项目：　　　　实际进度　　　　版本号：　　　　准备人员：
建设单位：　　计划进度　　　　发出日期：　　　本周起止日期：

编号	任务描述	验收	材料/设备进场情况	其他关键前提条件	上周							本周							下周							责任单位	状态	完成日期	计划截止日期
					一	二	三	四	五	六	日	一	二	三	四	五	六	日	一	二	三	四	五	六	日				
					13	14	15	16	17	18	19	20	21	22	23	24	25	26	27	28	29	30	31	1	2				
一层区域A进度计划跟踪																													
1	墙面																												
1.1	双侧封板	★	正常	N/A										★												总包	完成	2014/10/17	2014/10/16
1.2	腻子、涂料		正常	N/A																						总包	进行中		2014/10/24
1.3	墙面其他工作		正常	N/A																						总包	进行中		2014/11/8
1.4	室内门安装		钢质门框预计11.10进场；门扇预计11.15进场	N/A																						总包	未开始		2014/11/20

图 6.4–2　三周滚动计划表（示例）

（6）召开进度专题协调会

项目任何一方认为现场存在进度滞后风险或已经产生实质滞后，告知全过程咨询单位，全咨单位将召集各参建方召开进度专题协调会。协调会的主要内容应包括进度滞后情况分析以及采取的补救措施等。

审核施工单位编制的关键节点（里程碑）计划、施工总进度计划、专项计划、年度进度计划、施工月进度计划、施工周进度计划。

2. 进度计划编制审核

进度计划编制过程是一个由粗到细，即由总进度计划到单位工程进度计划，再到详细的分部分项工程作业计划的过程。

1）形成项目总进度计划

总体建设网络计划随工程设计深度逐步深入：工程初步设计完成后，编制完成项目总体建设进度计划初稿；前期工程动拆迁工作完成后，形成总体建设进度计划。

2）编制专项进度计划

专项进度计划属进度计划体系的二级进度计划：

①设计进度计划；

②前期工程进度计划；

③施工进度计划（含采购进度计划）；

④竣工计划。

专项进度计划编制时间为总体建设进度计划批准后，专项建设任务实施前进行。

3）编制设计进度计划

①各标段施工图出图计划、图纸会签与审定计划；

②对各合同方的设计进度计划进行审核；

③进度计划的合理性，是否与项目总进度计划存在冲突；

④设计进度计划是否满足施工招标投标的要求。

4）编制采购进度计划

编制采购进度计划从初步设计开始，需满足总进度计划要求。采购进度计划包括招标计划、设备采购计划、到货计划和安装计划。

①根据项目总进度计划，项目公司（综合办公室）编写招标原则、标段划分和招标计划，报送集团公司确认，集团合约部编制招标实施计划，项目公司领导和集团领导确认招标实施计划。

②在初步设计完成以后，前期设计部编制主要设备采购计划，以配合整个施工进度。

③随着工程进展，相关部门制定相应的采购计划，以满足工程建设的需要。

5）编制施工进度计划

①确定施工进度计划的关键线路和关键工作。

②施工进度计划的关键时间节点。

③对施工单位的进度计划进行管理。

6）编制竣工验收进度计划

按照项目总进度计划，保证后续工程得以及时开始实施，质安部编制单位工程（或分部工程）的竣工验收计划，综合办公室审核，项目公司领导批准。

3. 建立完善计划保证体系

采用科学的四级网络编制施工总控计划：一级网络根据工程总工期控制工程各阶段里程碑目标；二级网络根据各阶段分项工程的工期目标控制分解成分部的目标；三级网络控制指导每日主要工序生产控制日计划和周计划。通过对关键线路施工编制标准工序，建立计划统计数据库，利用项目管理信息系统对工期进行全方位管理。

工程的进度管理是一个综合的系统工程，涵盖了技术、资源、商务、质量检查、安全检查等多方面因素，因此根据总控工期、阶段工期和分项工程量制定出技术保障、商务合同、物资采购、设备订货、劳动力资源、机械设备资源等派生计划，是进度管理的重要组成部分，按照最迟完成或最迟准备的插入时间原则，制定各类派生保障计划，做到各项工作有备而来，有章可循。

4. 建立里程碑和主要项目里程碑

根据项目进度计划纲要的目标要求，与招标人进行沟通，共同确定好项目里程碑节点计划完成时间。根据项目区域划分、标段划分、建设时序和建设项目的规模和特点，项目的管理界面和影响区域，确定各标段、各项目的计划开工及竣工时间以及主要项目里程碑节点，纳入合同条款。

5. 审批进度计划

（1）承包单位根据建设工程施工合同的约定，按时编制施工总进度计划、季度进度计划、月进度计划，并填写《施工进度计划报审表》，报项目监理部审批。以便于日常检查。

（2）监理工程师根据工程的实际情况及条件，对报来的施工进度计划的合理性、可行性进行分析。

（3）施工总进度计划应符合施工合同中竣工日期规定，可以用横道图或网络图表示，并应附有文字说明，监理工程师应对网络计划的关键线路进行审查、分析。

（4）对季度和年度计划，应要求承包单位同时编写主要工程材料、设备的采购及进场时间等计划安排。

（5）项目监理不应对计划目标进行风险分析，制定防范性对策，确定进度控制方案。

（6）总进度计划经总监理工程师批准后实施，并报送建设单位。监理工程师如有重大修改意见，书面反馈给项目经理部，要求限期修订后，重新申报。

6. 进度计划的调整与优化工作

进度计划的调整与优化对进度控制起着至关重要的作用，由于项目进度计划往往在项目开始前就已经编制完成了，但随着项目的实施，客观条件不断变化，各种干扰因素同时也不断增加，所以进度计划的编制不是一劳永逸的，要随着客观条件变化不断地修正。

进度计划的调整与优化必须遵循“适时”“适量”的原则。所谓“适时”就是指项目管理公司必须在适当的时间决定是否调整进度计划，以确保项目各参与方有时间并有能力接受和实施新的进度计划。所谓“适量”就是指项目管理公司必须严格把握进度计划的调整量，尽可能使该调整对工程质量、投资以及其他目标的正面影响最大化、负面影响最小化。调整和优化具体措施：

（1）加强对施工图的深化：建立施工详图设计部协调配合施工详图的设计，并且保证图纸能够及时、准确到位，满足施工进度的要求。

（2）根据不同阶段加强现场平面布置图管理：根据不同阶段的特点和需求设计现场平面布置图，平面图涉及现场循环道路的布置、各阶段大型机械的布置、各阶段材料堆场等方面的布置。各阶段的现场平面布置图和物资采购、设备订货、资源配备等辅助计划相配合，对现场进行宏观调控，在施工紧张的情况下，保持现场秩序井然。现场秩序井然是施工顺利进行和保证工期的重要保证之一。

（3）加强与社会各界的协调：在施工过程中，影响生产的因素很多，建立工程协调部，加强对公安、交通、市政、供电供水、环保市容等单位的协调，进一步保证施工生产的正常进行，协调好与相关单位的施工安排，也是保证工期的重要措施之一。

（4）加强业主、监理、设计方的合作与协调：投标人将通过在现场业主、监理以及专业分包商之间建立现场无线覆盖的网络环境，加强现场内部各方的配合与协调，使现场发生的技术问题、洽商变更、质量问题以及施工报验等能够及时快捷地解决。

（5）当发生实际工程进度严重偏离时，由总监理工程师组织监理工程师进行原因分析、召开各方协调会议，研究应采取的措施，并签发《监理通知》要求承包单位进行整改。

（6）督促承包单位尽快召开专题工程进度会议，研究解决问题的措施、方法，指令承包方采取相应调整措施。

6.4.3　进度控制关键工作

1. 编制总进度计划

施工总进度计划指根据施工部署，通过对各单项工程的分部、分项工程的计算，明确工程量，进而计算出劳动力、主要材料、施工技术装备的需要量，定出各建筑物、设备、技术装备的开工顺序和施工期，建筑与安装衔接时间，用进度表反映出来，作为控制施工进度的指导性文件之一。总之，施工总进度计划是施工部署在时间上的体现。其主要内容包括：单项工程（尚可细分为分部分项工程）、建筑安装工程内容、总劳动量（即工日）、年、季、月度计划。

2. 里程碑关键节点控制计划

里程碑进度计划是以工程建设中某些关键性重要事件的开始或完成时间点作为基

准所形成的进度计划，它规定了工程可实现的中间结果。每个里程碑代表一个关键事件，并代表其必须完成的时间界限。里程碑法的管理作用：确定关键的工作项目和工程的可能工期，为编制各专业性详细计划提供了基础；根据里程碑倒排项目进度计划，提高项目进度计划的实用性。

3. 进度情况跟踪管控

（1）组织措施

1）由项目经理负责进度控制，落实进度控制的责任制，建立进度控制协调制度和考核制度。

2）明确岗位职责：项目管理机构中设专人负责项目的总体进度控制工作，各专业监理工程师负责各自专业的进度控制工作。

3）建立工作机制：项目管理机构内部形成各专业监理工程师之间目标明确、专人牵头、团队辅助的工作机制。

4）明确工作流程：明确进度控制的工作流程，明确对施工方进度计划的审批、调整程序。

5）协调各方沟通：实施过程中及时妥善组织协调好工程参建各方的相互关系，共同确保工程按计划目标完成。

（2）技术措施

在施工生产中影响进度的因素纷繁复杂，如设计变更、技术、资金、机械、材料、人力等，要保证目标总工期的实现，就必须采取各种措施预防和克服上述影响进度的诸多因素，其中从技术措施入手是最直接有效的途径之一。相应的技术措施有：

1）根据业主的要求、工程的实际情况和资源情况，协助施工单位对其编制的网络计划进行合理优化，并定期进行计划检查、调整。

2）做好技术准备工作，认真熟悉和审核图纸，提前发现可能影响工期目标实现的技术问题，予以提前解决。

3）根据进度，及时敦促施工单位编制甲供材料计划，经审查后报业主。

4）设计变更是进度执行中最大干扰因素，其中包括改变部分工程的功能引起大量变更施工工作量，以及因设计图纸本身欠缺为变更或不成造成增量、返工，打乱施工流水节奏，致使施工减速、延期甚至停顿。针对这些现象，项目部要通过理解图纸与业主意图，进行会审并与设计院交流，采取主动姿态，最大限度实现事前控制，把影响降到最低。

5）在保障劳动力的条件下，优化人工的技术等级和思想、身体素质的配备与管理。

以均衡流水为主，对关键工序、关键环节和必要工作面根据施工条件及时组织抢工期及实现双班作业。

6）按照施工进度计划要求材料及时进场，做到既满足施工要求，又要使现场无太多的挤压，以便有更多的场地安排施工，建立有效的材料市场调差部门。

7）根据施工实际情况审核施工月进度报表，根据合同审核工程款，并督促施工单位将预付款、工程款合理分配于人工费、材料费等各个方面，使施工能顺利进行。

（3）合同措施

按合同要求定期召开不同层次现场协调会，解决工程施工过程中相互配合问题。按合同条款规定，严格控制工程延期的审批。正确处理工程索赔工作，确保项目进度目标的实现。

1）细化合同管理：在实施过程中应尽可能地减少合同条款遗漏，选择与工程工期控制目标相匹配的约束条款，制定奖惩措施调动工作积极性。

2）加强采购管理：在签订关键设备采购合同时要充分考虑关键设备的制造时间，根据施工总进度计划合理安排，以便预留出充裕的制造、运输及进场安装时间。

3）严格人员管理：在实施过程中必须加强对设计、监理、施工等管理人员以及技术工人的能力、效率、责任心、品德的考核，采取合同手段进行约束。

（4）经济措施：利用经济手段，将工程付款时间、数量与工程进度控制挂钩，促使施工单位按期完工。同时建议业主在施工合同中采取奖罚措施，提高施工单位按期完成工期目标的积极性，对由于承包方原因造成的工期拖延，进行必要的经济处罚。

4. 进度调整纠偏

（1）做好前期准备工作，仔细研究图纸，与施工单位、设计院及时沟通，把图纸问题解决在施工进行前，避免因设计问题导致并影响工程进度。

（2）对施工所需材料和机械进行把控，明确进场劳动力，需提前考虑大面积展开施工时的劳动力储备和材料供应情况。

（3）建立严格的日记制度，逐日详细记录工程进度、质量、设计修改等问题，以及工程施工过程必须记录的有关问题。

（4）坚持每周定期召开会议，各专业工程施工负责人参会，听取关于工程施工进度问题的汇报，协调工程施工外部关系，解决工程施工内部矛盾，对其中有关施工进度的问题，提出明确的计划调整意见，动态掌控施工进展状况，实时与进度计划做比较，及时采取措施进行纠偏。

（5）各级领导必须“干一观二计划三”，提前为下道工序的施工，做好人力、物力和机械设备的准备，确保工程一环扣一环地紧凑施工。对于影响工程施工总进度的关键项目、关键工序，主要领导和有关管理人员必须跟班作业，必要时组织有效力量，加班加点突破难点，以确保工程总计划的实现。

（6）当出现进度偏差时，要及时进行分析研究，查明偏差出现原因，并制定出切实可行的纠偏计划。

（7）当出现偏差时，首先与施工单位沟通，考虑改进施工方案，采用更合理更先进的施工技术方法进行纠偏，并督促施工单位及时解决，不可积少成多，最终影响到总工期。

（8）要求施工单位合理安排交叉轮班施工，采取夜间加班等延长工作时间的方法进行纠偏。同时，监理单位要做好现场巡视工作，避免质量和安全方面的问题发生。

（9）如发生确需延长工期的情况，施工单位应报项目监理部、项目管理部审批。

控制各类变更对工期进度的影响，如变更引起工期变化要及时做出相应签证，必要时制定赶工措施。

第 7 章

专业足球场竣工及交付阶段咨询

7.1 竣工及交付阶段目标

确保项目各单体的专项验收及总体验收顺利通过以满足使用计划要求；确保各单体的验收完整性，避免未验收先使用；对各项建设成果进行复核，确保工程质量满足设计各项技术经济指标；明确各单体、各设备、各器材的使用方法，确保使用单位的正常使用与日常维护稳步有序；对项目的各项工作进行充分总结，确保工程的收尾工作有效顺利完成。

7.2 竣工交付阶段工作任务分解

竣工交付阶段工作任务分解详见图 7.2–1。

7.3 竣工及交付阶段工作方法

7.3.1 工作职责分工

竣工交付阶段，各参建单位工作职责分工详见表 7.3–1。

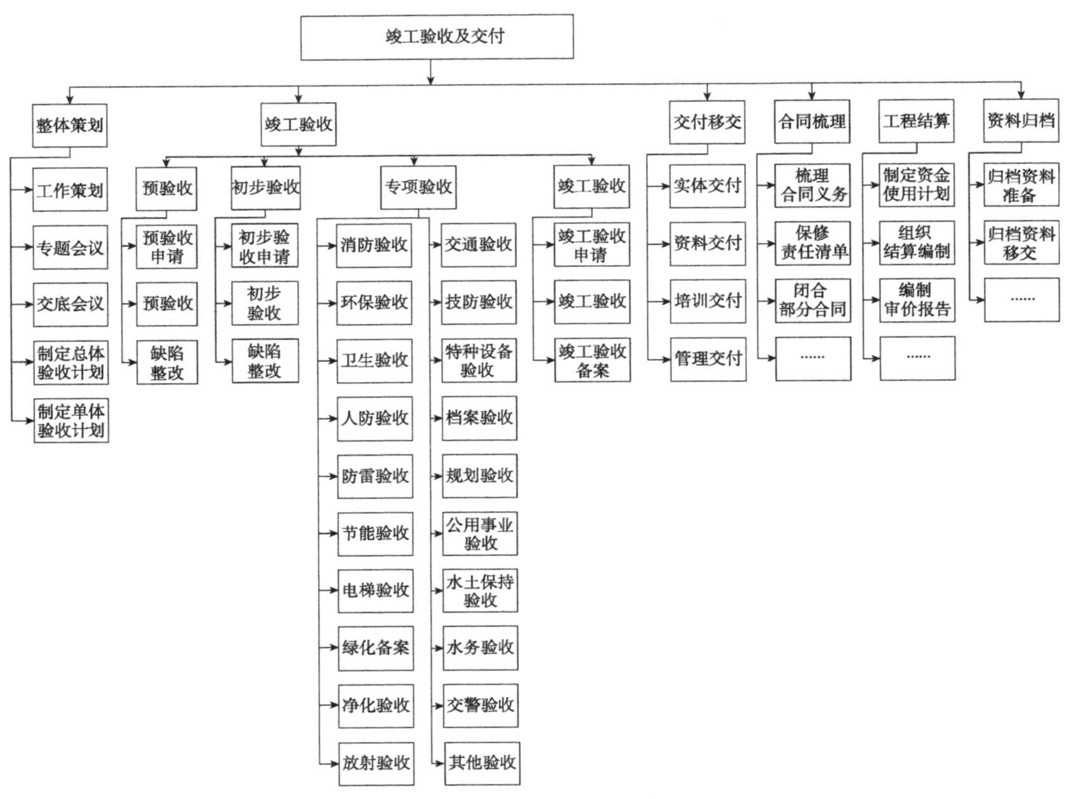

图 7.2–1 竣工交付工作任务分解

项目竣工及移交阶段职责分工表 **表 7.3–1**

工作职责：D- 批准；E- 执行；S- 支持；J- 参与		工作职责划分				
序号	工作职责内容	建设单位	咨询项目管理部	咨询工程监理部	其他咨询单位	施工单位
1	整体策划					
1.1	阶段性工作策划	D	E	S	S	E
1.2	竣工验收专题、交底会议	D	E	S	S	E
1.3	组织参建方制定总体、单体验收计划	D	E	J	S	E
2	竣工验收					
2.1	预验收					
2.1.1	预验收申请	S	E	S	S	S
2.1.2	预验收	J	E	J	J	J
2.1.3	整改	J	S	D	J	E
2.2	初步验收					
2.2.1	初步验收申请	S	S	S	S	E
2.2.2	初步验收	J	J	E	J	J
2.2.3	整改	J	S	D	J	E

续表

工作职责：D- 批准；E- 执行；S- 支持；J- 参与		工作职责划分				
序号	工作职责内容	建设单位	咨询项目管理部	咨询工程监理部	其他咨询单位	施工单位
2.3	专项验收					
2.3.1	消防验收	J	E	J	J	J
2.3.2	环保验收	J	E	J	J	J
2.3.3	卫生验收	J	E	J	J	J
2.3.4	民防验收	J	E	J	J	J
2.3.5	防雷验收	J	E	J	J	J
2.3.6	节能验收	J	E	J	J	J
2.3.7	电梯验收	J	E	J	J	J
2.3.8	绿化备案	J	E	J	J	J
2.3.9	交警验收	J	E	J	J	J
2.3.10	交通验收	J	E	J	J	J
2.3.11	弱电验收	J	E	J	J	J
2.3.12	净化验收	J	E	J	J	J
2.3.13	放射验收	J	E	J	J	J
2.3.14	特种设备验收	J	E	J	J	J
2.3.15	档案验收	J	E	J	J	J
2.3.16	规划验收	J	E	J	J	J
2.3.17	其他验收	J	E	J	J	J
2.4	整体验收					
2.4.1	竣工验收申请	S	E	S	S	S
2.4.2	竣工验收	J	E	J	J	J
2.4.3	竣工验收合格	D	E	J	J	J
2.4.4	竣工验收备案	J	E	S	S	S
3	交付移交					
3.1	实体交付	S	J	S	S	E
3.2	资料交付	S	E	S	S	J
3.3	培训交付	S	J	S	S	E
3.4	管理交付	S	J	S	S	E
4	综合管理					
4.1	招标采购					
4.1.1	采购总结报告	S	E	J	S	S
4.2	合约管理					
	质保期合同管理	D	E	J	S	J

续表

工作职责：D-批准；E-执行；S-支持；J-参与		工作职责划分				
序号	工作职责内容	建设单位	咨询项目管理部	咨询工程监理部	其他咨询单位	施工单位
4.3	结算编制					
4.3.1	工程竣工结算管理	D	E	J	J/S	S
4.3.2	工程决算管理	D	E	J	J/S	S
4.4	验收进度					
4.4.1	阶段性工作进度计划编制	S	D/E	J	J	J
4.4.2	收尾工作进度协调的管理	S	D/E	J	J	J
4.5	HSE 管理					
4.5.1	项目 HSE 管理工作总结、评价	S	D/E	J	J	J
4.5.2	协助业主制定项目运营期 HSE 管理规划	S	D/E	J	J	J
4.6	社会维稳（同上）					
	社会维稳工作总结	S	E	J	J	S
主要工作职责动作定义：						
执行（E）：本表中系指对于某方面或者某项工作任务，由执行方负责对该任务需要何时开始，怎样实施、如何管控等进行整体策划（包括拟定策划方案、编制管控计划等说明性文件），并组织召开任务启动会议，确定任务方案，然后依照任务方案、合同等指令、指导性文件，组织该任务的具体实施开展，并负责过程管理						
批准（D）：本表中系指对于某方面或者某项工作任务，由批准方负责对任务成果进行审批及最终批准，其他方必须在获得批准后才能开展与此相关的任务工作						
支持（S）：本表中系指对于某方面或者某项工作任务，由支持方负责按照批准方、执行方、发起方为完成任务的实际需求，提供资料准备、关系协调或者咨询建议等帮助，以便协助任务的完成						
参与（J）：本方案中系指对于某方面或者某项工作任务，由参与方按照批准方、发起方、执行方为完成任务的要求，出席参加相关会议或工作任务，获取对完成工作任务具有参考价值的信息						

注：1. 建设单位拥有对任一项工作任务的工作过程、阶段成果、最终成果的检查和审核的权力。目的是督促该项工作的落实、并及时纠偏（可以根据需要和实际情况，采取定期审查或者不定期的专项审查两种方式进行）。

2. 其他咨询单位：包括设计单位、顾问单位、造价咨询单位、勘察单位等，为项目提供技术服务支持的咨询类单位。

全过程工程咨询将协助业主取得正式使用该设施所需的相应部门和监管机构的所有最终检查、报告以及认证。

7.3.2 专项验收组织

（1）全过程工程咨询将根据项目竣工验收要求，制定项目专项验收策略。在竣工验收前完成规划、环保、消防、特种设备等专项验收，在竣工备案前完成其他专项验收，保证项目尽可能具备竣工验收条件，早日投入运行使用。

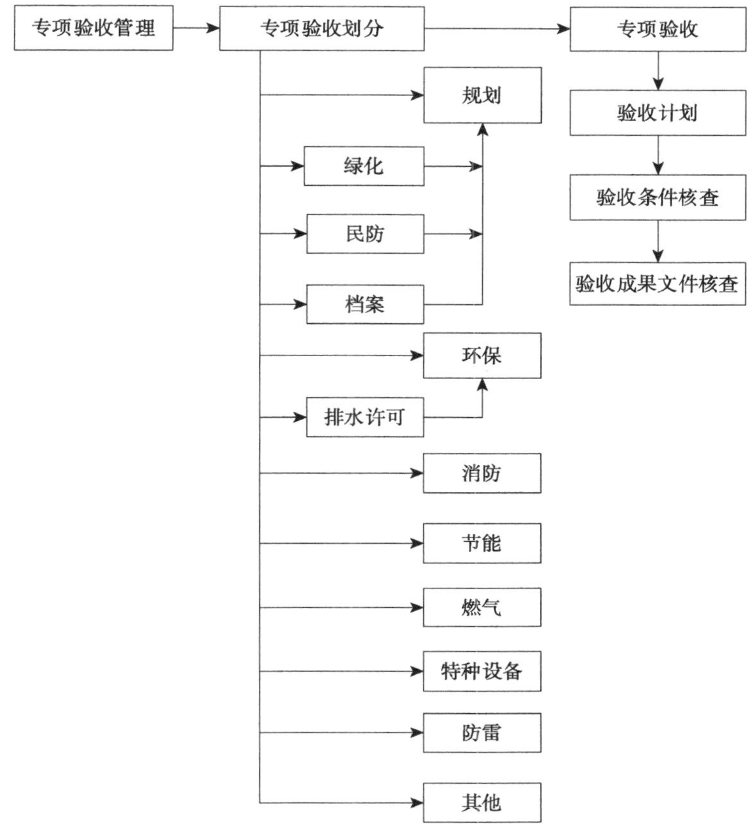

图 7.3–1　专项验收管理流程

（2）专项验收管理流程图见图 7.3–1。

（3）请 FIFA 等专业赛事管理机构提供全过程专业指导、业主方运营团队全程参与，对比赛体育场地、安全设施质量尤其对光照、眩光、视线、声学、通风等进行专项检测与检验。请相关赛事管理单位参与过程关键节点巡查验收，运营管理团队全程参与检查指导，确保 FIFA 技术要求。FIFA 赛事手册更是从赛事观众、运动员、媒体人、贵宾、赞助商、竞赛管理、运营管理等各方人员的体验角度对比赛场馆的各方面（比如光照、眩光、视线、声学等）提出明确而具体的要求，对运营团队管理、组织、协调、保障能力进行全面的实战操练与检验，同时对设计功能进行全面验证，发现问题，及时研究整改，确保工程质量功能达到设计文件及相关规范要求，工程各项功能满足 FIFA 标准。

7.3.3　工程预验收

（1）工程竣工预验收条件审核：完成建设工程设计和合同规定的各项内容。有工程使用的主要建筑材料、建筑构配件和设备的进场报告。有完整的技术档案和施工管理资料。

（2）监理单位项目总监组织专业监理进行项目预验收，全过程咨询单位相关管理部门参加。

（3）一般程序如下：

1）由主持人宣布预验收会议正式开始；

2）由总承包单位项目经理介绍工程完成情况；

3）由甲方代表按设计图纸划定现场检查点及检查路线；

4）由总监理工程师宣布验收小组组长及成员名单；

5）各小组分头进行预验收工作，主持人确定再集中时间；

6）复会后，各专业验收小组组长汇报检查情况；

7）设计单位、勘察单位发言；

8）主持人讲话，由预验收组长宣读预验收整改意见；

9）总承包单位负责人对本次预验收发现的问题作出表态；

10）建设单位发言。

（4）现场实物质量验收和资料检查：实物质量包括重点对各分部工程和相应的观感质量进行检查。资料审核重点如下：分项工程验收表、子分部工程验收表检测报告、隐蔽工程验收记录、材料设备合格证等资料、材料设备进场检验及复试报告等证明工程质量符合工程技术标准的各类技术文件。最后由总监理工程师根据各个专业组检查出的问题，向竣工预验收小组汇报竣工项目监理的质量验收及竣工资料情况。

（5）汇总竣工预验收意见并形成书面记录；

（6）对竣工预验收中发现的不合格项，汇总后填写《工程预验收整改意见表》，由监理项目部督促施工单位整改，并在规定期限内书面回复。

（7）竣工预验收合格后，总监理工程师组织各专业监理工程师编写治理评估报告，报监理公司技术负责人审批后报建设单位。

7.3.4 综合竣工验收组织

1. 竣工验收条件

竣工验收是对项目前期的报建报批工作的闭合，复核工程实际施工内容满足建设单位及设计单位前期的设计意图，同时确保施工成果满足各审批部门的法律法规要求。

（1）完成建设工程设计和合同规定的各项内容；

（2）有完整的技术档案和施工管理资料；

（3）有工程使用的主要建筑材料、建筑构配件和设备的进场试验报告；

（4）有勘察、设计、施工、工程监理等单位分别签署的质量合格文件；

（5）有施工单位签署的工程质量保修书。

2. 验收程序（图 7.3–2）

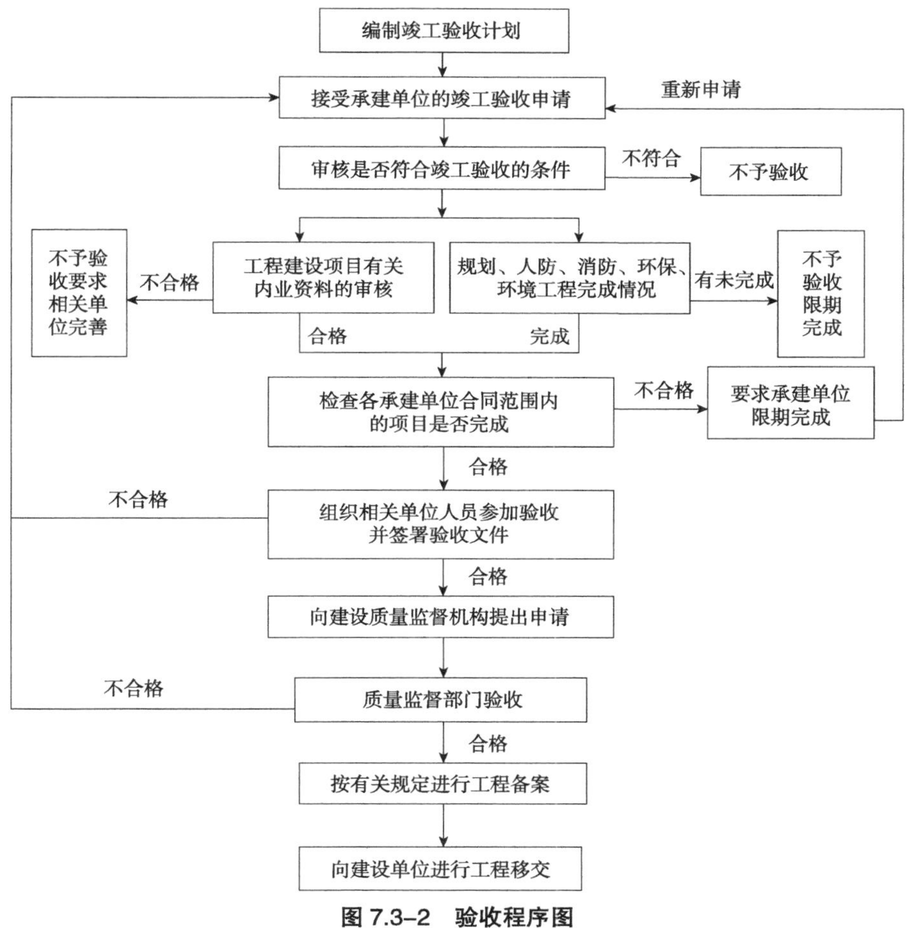

图 7.3–2　验收程序图

7.3.5　项目移交管理

在项目竣工验收前，全过程工程咨询将根据前期设计任务书、各项专项设计等技术性文件，结合建设单位和使用单位的专业意见，制定项目移交条件书，以明确项目使用单位入驻的最低条件。在与建设单位、使用单位对条件书确认后，将条件书向施工单位进行宣贯，以确保施工单位完成时的工程成果。在竣工验收工作中，以该条件书为验收准则，确保各建筑单体的适用性得到满足，进而确保在达到使用单位开办使用要求的同时，其功能要求的最低标准得到满足。

移交管理流程见图 7.3-3。

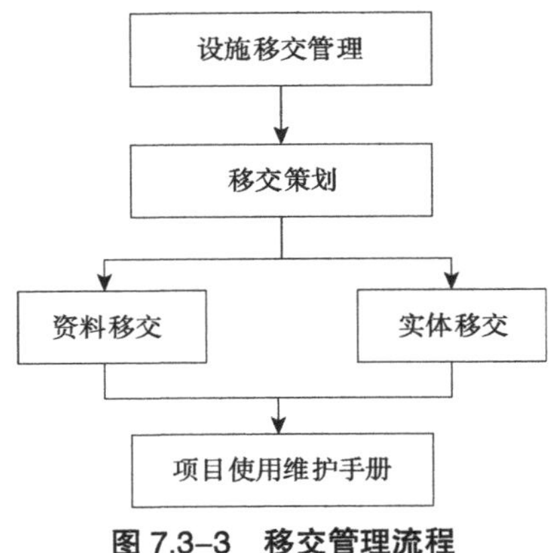

图 7.3-3　移交管理流程

1. 移交策划

全过程工程咨询将根据验收和移交内容和责任分解矩阵，制定验收和移交方案，方案明确专项验收组织、验收计划、验收条件核查、验收成果文件核查及设施移交组织、移交计划、移交程序、移交内容等，协助业主取得正式使用该设施所需的相应部门和监管机构的所有最终检查、报告以及认证，如：

（1）永久公用事业申请和连接；

（2）消防检查登记；

（3）健康和卫生检查；

（4）电梯使用许可；

（5）电梯施工质量验收批准；

（6）防雷检查证书；

（7）压力容器和管道使用许可；

（8）项目规划检查测量报告；

（9）环境预调试批准；

（10）室内空气测试报告；

（11）项目环境测试报告；

（12）项目环境影响检查批准；

（13）总承包合同登记注销；

（14）监理登记注销；

（15）设计院登记注销；

（16）存档检查证明；

（17）景观工程质量监督报告；

（18）景观工程检查登记批准；

（19）景观工程施工竣工检查登记证明；

（20）建筑规划检查批准；

（21）项目施工质量检查监督报告；

（22）施工竣工检查登记证明；

（23）整改事项；

（24）设备调试；

（25）资料和实物移交；

（26）向维护运营团队责任转移；

（27）移交期间问题处理；

（28）编制项目使用维护手册；

（29）指导及员工培训。

2. 制定跟踪工作计划

（1）在竣工验收阶段，由于体育运营单位的接收时间已固定，竣工验收的合理安排将是确保竣工验收及时完成的前提条件。

（2）必须制定验收和移交专项跟踪工作计划，及时反馈各项工作的进展和存在问题，确保计划的工作不遗漏、不拖延。

3. 资料及实物移交

（1）资料移交主要包括产品说明书、技术操作手册、主要功能测试报告、压力容器和管道使用许可、电梯使用许可、室内空气测试报告、项目使用维护手册等，编制资料移交清单。

（2）实体移交主要包括建筑物、主要系统和设备（如中央空调系统、安防系统、电梯、压力容器等），备品备料、编制实物移交清单。

4. 编制项目使用维护手册

为了项目使用单位更好地熟悉并使用体育各项设施，全过程工程咨询将组织承包商、设备供应商、监理、设计等编制《项目使用维护手册》。主要包括以下内容：

（1）主要部位的维护保养要点；

（2）主要设备系统的保养维护要点；

（3）主要材料清单；

（4）备件清单；

（5）日常检查和维护；

（6）运行管理；

（7）故障分析和排除；

（8）应急事件处理；

（9）各相关方联系方式；

（10）其他。

7.3.6 档案资料归档及移交

按照《建设工程文件归档规范》GB/T 50328—2014（2019 年版）、建设项目当地档案馆及建设单位要求进行组卷归档。

7.3.7 工程竣工结算管理

1. 管理要点

（1）以合同及变更令为依据实行多级审核

工程竣工结算须以双方签订的合同或补充协议、签发的变更令为依据，并经过监理、全过程工程咨询项目部、造价咨询及建设单位多级审核（可通过 OA 系统），各级在审核过程中应检查扫描件内容，核定有关手续的签字、盖章等齐全、有效。

（2）工程结算准确完整

工程竣工结算的各项计算应准确、清晰、合规，具有很高的准确度，体现施工单位的诚信及造价咨询单位的专业水平；同时工程竣工结算工作应保持较高的工作效率，做到及时清账，以适应工程造价分析、工期等多方面的要求。

（3）原始资料可复查性

工程竣工结算工作的全过程应有详细、真实的记录及完善的资料管理制度，量价计算过程、审批记录等文件、资料应具备完全的可复查性。

2. 主要内容

工程竣工结算申请报告，由施工单位根据合同规定条件竣工，并通过监理组织的竣工验收后编制的工程结算文件。工程竣工结算书必须包含合同内造价及变更、签证等内容，并附带所有计算支持性资料。对于双方独立签订合同的工程项目，均应编制工程结算报告。

3. 责任分工

（1）建设单位

1）通过 OA 平台审核全咨管理单位签批的工程结算资料，检查计算过程、附件资料是否齐全完整、监理 / 造价咨询及全咨管理单位的审核是否存在错、漏及违规行为等，如有，进行处罚；

2）参与全咨管理单位组织的结算审核会议，对结算遗留的问题提出意见；

3）监督、检查监理 / 造价及全咨管理单位的审核流程是否遵守时效规定；对违规行为进行处罚；

4）在 OA 流程结束后，对纸质版结算资料进行签批；

5）在工程竣工结算完成后，协调启动竣工财务审计 / 决算程序。

（2）全过程工程咨询项目部

1）指示监理核查承包人的施工形象进度是否满足工程结算要求，及合同范围的工程内容是否完成至合同约定比例且验收合格，已取得竣工验收证明或单项工程验收证明；

2）要求监理检查承包人已提供完整工程竣工档案（蓝图），包括设计文件（如施工图、竣工图、图纸会审纪要等）、经审批确认的工程变更（如设计变更、现场签证等）及工程验收资料等；

3）通过 OA 平台审核造价咨询提交的审核结果，检查结算资料是否齐全完整、遗留变更或索赔是否已处理完毕；

4）检查监理签署的签证资料是否正确，有无错签、漏签或违规行为等；

5）在规定的时限内完成审核并通过 OA 提交审核意见；

6）在工程结算完成后，跟踪竣工财务决算过程并配合审计。

（3）造价咨询单位

1）根据合同规定，明确工程结算原则，即施工图工作内容 + 变更范围 + 签证 + 调差或奖罚等；

2）通过 OA 平台审查监理提交的复核后的承包人结算申请资料是否齐全完整，如合同范围内的工程量清单费用，工程变更费用、现场签证费用、新增工程费用等；

3）在规定时限内（如 5 个工作日内）完成 OA 复审，出具工程结算审核报告并上传 OA 系统。

（4）工程监理部

1）通过 OA 平台核查承包人已累计完成合同范围内的工程至合同规定的比例，并已验收合格，取得竣工验收证明；

2）为准确核查承包人的结算申请资料，应收集整理完整的历史签证、蓝图、工程照片、会议记录、设计变更通知单等证据，并上传 OA 系统；

3）要求承包人提供完整工程竣工档案（资料）；出具审核意见；

4）在规定的时间内（如 5 个工作日内）对承包人的结算申请书及附件支持资料进行详细、全面审查，并签署审查意见，然后送交工程造价咨询机构。

（5）设计单位

1）审核结算过程中涉及施工设计的遗留问题，确认设计单位的设计参数、数据是否合格；标准是否可行；确认或补充相应的设计变更资料；

2）对遗留的由施工单位负责设计的方案进行最终核查，确认合格、错误或应修改补充；

3）审核、确认其他涉及结算的遗留设计问题。

（6）施工单位

1）在竣工验收合格后，及时整理施工过程的各类签证、变更令、图纸、会议纪要、验收记录等支持性依据，编制上报结算资料；提交质保金保函（如合同要求）；

2）根据工程咨询（含监理）、造价咨询的审核意见提供证据、记录或计算稿；

3）梳理涉及价格调差的指数、调价行业文件及计算资料等，配合造价咨询的审核；

4）对于结算中可能存在的签证或价格异议，提供证据或记录并参与讨论，在合情合理基础上进行申报；

5）如结算需要通过 OA 平台，应及时发起 OA 流程并上传基础资料。

6）结算办理工作流程图见图 7.3–4。

7.3.8 工程结算、审计管理

1. 工程结算管理

（1）工程量是决定工程造价的主要因素，核定施工工程量是工程竣工结算审计的关键。

审计的方法可以根据施工单位编制的竣工结算中的工程量计算表，对照图纸尺寸进行计算来审核，也可以依据图纸重新编制工程量计算表进行审计。审核的主要内容包括：一是要重点审核投资比例较大的分项工程，如基础工程、钢筋混凝土工程、钢结构等。二是要重点审核容易混淆或出漏洞的项目。如土石方分部中的基础土方，清单计价中按基础详图的界面面积乘以对应长度计算，不考虑放坡、工作面。三是要重点审核容易重复列项的项目。四是重点审核容易重复计算的项目。对于无图纸的项目要深入现场核实，必要时可采用现场丈量实测的方法。

（2）审核材料用量及价差。

材料用量审核，主要是审核钢材、水泥等主要材料的消耗数量是否准确，列入直接费的材料是否符合预算价格。材料代用和变更是否有签证，材料总价是否符合价差的规定，数量、实际价格、差价计算是否准确，并应在审核工程项目材料用量的基础上，

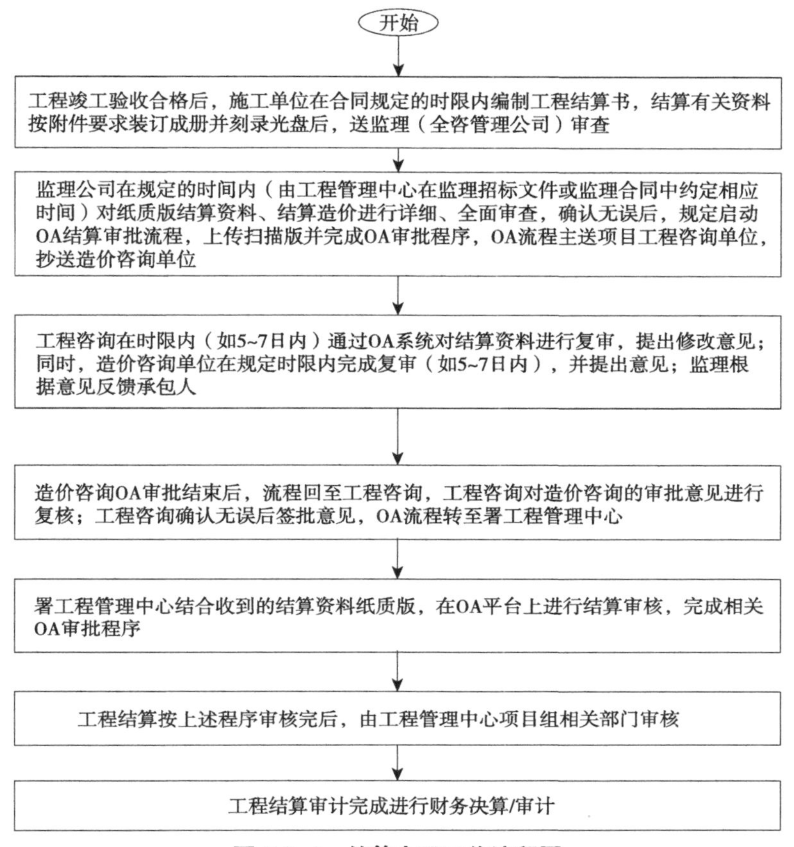

图 7.3-4　结算办理工作流程图

依据预算定额统一基价的取费价格，对照材料耗用时的实际市场价格，审核退补价差金额的真实性。

（3）审查隐蔽验收记录。

验收的主要内容是否符合设计及质量要求，其中设计要求中包含了工程造价的成分达到或符合设计要求，也就达到或符合设计要求的造价。因此，做好隐蔽工程验收记录是进行工程结算的前提。目前，在很多建设项目中隐蔽工程没有验收记录，到竣工结算时，施工企业才找有关人员后补记录，然后列入结算。有的甚至没有发生也列入结算，这种事后补办的隐蔽工程验收记录，不仅存在严重质量隐患，而且使工程造价提高，并且存在严重徇私舞弊腐败现象，因此，在审查隐蔽工程的价款时，一定要严格审查验收记录手续的完整性、合法性。验收记录上除了监理工程师及有关人员确认外，还要加盖建设单位公章并注明记录日期，防止事后补办记录或虚假记录的发生，为竣工结算减少纠纷“扫平道路”，有效地控制工程造价。审查设计变更签证。设计变更应由原设计单位出具设计变更通知单和修改图纸，设计、校审人员签字并加盖公章，并经建设单位、监理工程师审查同意。重大的设计变更应经原审批部门审批，否则不应列入结算。在审查设计变更时，除了有完整的变更手续外，还要注意工程量的计算，对计算有误的工程量进行调整，对不符合变更手续要求的不能列入结算。

（4）审查工程定额的套用。

主要审查工程所套用定额是否与工程应执行的定额标准相符，工程预算所列各分项工程预算定额与设计文件是否相符，工程名称、规格、计算单位是否一致。正确把握预算定额套用，避免高套、错套和提高工程项目定额直接费等问题。

（5）审核工程类别。

对施工单位的资质和工程类别进行审核，是保证工程取费合理的前提，确定工程类别，应按照国家规定的规范认真核对。

（6）审查各项费用的计取。

建筑安装工程取费标准，应按合同要求或项目建设期间与计价定额配套使用的建安工程费用定额及有关规定。在审查时，应审查各项费率、价格指数或换算系数是否正确，价差调整计算是否符合要求，并在核实费用计算程序时要注意以下几点：1）各项费用计取基数。2）取费标准的确定与地区分类工程类别是否相符。3）取费定额是否与采用的预算定额相配套。4）按规定有些签证应放在独立费用中，是否放在定额直接费中计算。5）有无不该计取的费用。6）结算中是否按照国家和地方有关调整结算文件规定计取费用。7）费用计列是否有漏项。8）材料正负差调整是否全面、准确。9）施工企业资质等级取费项目有无挂靠高套现象。10）有无随意调整人工费单价。

（7）审查附属工程。

在审核竣工结算时，对列入建安主体的水、电、暖与室外配套的附属工程，应分别审核，防止施工费用的混淆、重复计算。

（8）防止各种计算误差。

工程竣工结算是一项非常细致的工作，由于结算的子项目多，工作量大，内容繁杂，不可避免地存在着这样或那样的计算误差，但很多误差都是多算。因此，必须对结算中的每一项进行认真核算，做到计算准确。防止因计算误差导致工程价款多计或少计。搞好竣工结算审查工作，控制工程造价，不仅需要审查人员具有较高的业务素质和丰富的审查经验，还需要具有良好的职业道德和较高思想觉悟，同时也需要建设单位、监理工程师及施工单位等方面人员的积极配合。出具的资料要真实可靠，只有这样，才能使工程竣工结算工作得以顺利进行，减少双方纠纷；才能全面真实地反映建设项目合理的工程造价，维护建设单位和施工单位各自的经济利益，使目前我国的建筑市场更加规范有序地运行。工程结算审计质量是指工程结算审计工作的优劣程度。从广义角度看，它是指工程结算审计工作的总体质量，包括相应的管理工作质量和业务工作质量。从狭义角度讲，它是指工程结算审计业务工作的质量，包括审计准备、实施、报告等一系列过程的工作效果及达到审计目的的程度。本书的工程结算审计质量侧重于狭义理解，即工程结算审计业务工作质量。

2. 工程审计管理

（1）实施工程结算审计质量控制，首先需要建立其原则，以便进一步顺利制定相应的工程结算审计质量控制措施，进而有效保证工程结算审计的质量。工程结算审计质量控制的原则，概括地讲应当为实事求是的原则，具体可以包括：依法审计原则、全面审计原则、突出重点原则和成本效益原则。

1）依法审计原则。“依法审计”是包括工程结算审计业务工作在内的各项审计工作固有的基本原则，也是最高原则，同时也是保证审计质量的关键。坚持“依法审计”，不仅要依法开展审计工作，而且要严格履行审计监督职责，充分揭露问题，还要实事求是地认定和处理问题。

2）全面审计原则。“全面审计”是审计工作必须长期坚持的指导方针，也是把握好工程结算审计业务工作全局、提高审计质量的根本要求。坚持“全面审计”原则，需要科学制定审计方案，从宏观上把握审计对象的总体情况和经济运行的内在规律，明确审计目标，确定审计重点；同时，加强综合分析，弄清来龙去脉、前因后果、危害影响，努力提高审计结果的质量和水平。

3）突出重点原则。“突出重点”原则是提高工程结算审计业务工作质量的关键。坚持“突出重点”原则，要求在把握全局的基础上抓得住要害，即抓住数额大、危害大、影响大的问题，查深查透，真正发挥审计监督的作用。

4）成本效益原则。“成本效益”原则是当前单位内部审计资源不足情况下提高工程结算审计质量的有效途径。坚持“成本效益”原则，要求在工程结算审计质量控制中，既要强化成本意识，降低费用；又要强化素质，讲求效率；还要搞好工作协调，合理配置。

（2）工程结算审计质量控制措施与工程结算审计质量控制原则既有联系，又有区别。控制原则是确保工程结算审计质量所要依据的总体标准。控制措施是依据控制原则，为了确保工程结算审计质量而采取的具体方法。

（3）工程结算审计质量控制的措施必须适应经济发展要求，不断改进，不断开拓创新，必须贯穿于工程结算审计业务工作的全过程，包括审计准备、审计实施、审计报告等各个环节。

1）应把好工程结算审计准备关，制定切实可行的审计实施方案。审计准备是对一个工程结算审计项目实施审计前所做的各项准备工作。准备工作是否充分，对工程结算审计实施能否顺利进行和保证工程结算审计质量，都有着重要的影响。把好工程结算审计准备关，需要重点抓好审前调查、审计方案编制环节。审前调查可以选择查阅资料、走访等多种方式，既要了解施工单位的性质、体制、规模等基本情况，又要收集与工程项目有关的法律、法规、规章和政策、会议记录等资料，还要了解工程项目有关的竣工图纸、工程变更联系单、承发包合同（承包方式、结算办法及施工期限等）、承包方提交的工程竣工决算书等。审计方案编制，必须以审前调查为基础，进一步明确编制依据、工程结算审计的目标、范围、内容、重点及必要的步骤等，同时，制定的审计方案应具有较强的可操作性。

2）要把好工程结算审计实施关，善于严格收集和清晰完整记录审计证据。工程结算审计实施既是审计取证过程，又是审计工作底稿形成的过程，也是工程结算审计质量控制的关键过程。其控制措施是否有效，对于工程结算审计质量有着非常重要的作用。把好工程结算审计实施关，需要抓好审计取证和编制工作底稿两个环节。工程结算审计取证工作应做到善于严格收集有关证据，具体包括：一是要重视所收集的证据必须具备客观性、相关性、充分性和合法性；二是在核实工程数量、鉴别定额项目选择是否准确、检查价格取定是否合规真实、认定取费基数和费率是否恰当等具体业务工作中，要规范运用检查法、观察法、计算法等方法收集审计证据；三是要注意收集包括书面证据、实物证据、电子数据资料等多种形式的审计证据。编制工程结算审计工作底稿，应当清晰完整地记录对审计结论有重要影响的审计事项，即既要遵循真实性、完整性原则，又要保证与审计证据的对应关系，还要明确反映工程结算审计项目相关的项目名称、审计事项、审计结论、索引号、附件等信息。

3）还要把好工程结算审计报告关，正确表达审计意见。工程结算审计报告阶段是审计人员基于审计实施阶段的工作成果，对工程结算项目的适当性、合法性和有效性形成正式评价的一个过程，也是形成书面形式审计报告的过程。其控制措施将直接影响工程结算审计结果的正确反映和有效利用。把好工程结算审计报告关，从报告编制过程讲，应注意控制所引用的有关资料是否可靠适当、所做的判断是否有理有据、最终的结论是否恰当；从报告本身讲，应当客观、完整、清晰、及时，并体现重要性原则。具体包括：实事求是地反映审计事项，按照规范的格式及完整的内容进行编制，突出重点，简明扼要，易于理解，及时编制等。

7.4 体育工艺专项验收阶段关键工作

7.4.1 专项验收依据

1.《足球竞赛规则》(2017/2018)

2.《体育建筑设计规范》JGJ 31—2003

3.《国际足联足球运动场技术推荐与要求》(2011 年第 5 版)

7.4.2 专项验收范围和内容

（1）总平面：包括但不限于园区出入口、园区道路、停车场、园林景观、亮化工程等。

（2）场馆功能用房：建设方案中所包含赛事期间各类客户群使用的功能用房（包括机房）及专用出入口。

（3）运动场地（比赛、热身、训练）：规格、布置、构造、材质、性能等。

（4）赛事专用系统：场馆建设责任单位负责建设的赛事专用系统，包括但不限于场地照明系统、场地扩声系统、显示大屏系统、标准时钟系统、升旗控制系统、电视转播及评论员系统、竞演设备中央控制系统和售检票系统等。

（5）场馆信息与通信、场馆及设施电气配置、安防系统相关建设标准中由场馆建设责任单位负责建设的内容及配合预留部分。

（6）场地（比赛、热身、训练）环境：包括但不限于温度、湿度等。

（7）场馆内环境提升部分：包括但不限于各客户群坐席区看台座椅、室内装饰装修等。

（8）验收为体育工艺专项验收，场馆的结构、消防、电力（红线外）、绿建、节能等部分不在专项验收范围内。

7.4.3 专项验收组织

（1）场馆建设和基础设施提升部牵头组织成立体育工艺专项验收小组（以下简称“验收小组”），该小组负责对大运会场馆体育工艺进行专项验收。小组由场馆建设和基础设施提升部、竞赛和场馆运行部、新闻宣传部、市场开发和活动策划部、后勤保障部、医疗部、反兴奋剂部、交通保障部、信息技术部、广播电视部、安保部、外事联络部、内宾接待部、志愿者部等执委会工作部的代表及相应场馆中心代表共同组成。

（2）场馆建设责任单位、全过程咨询单位、体育工艺咨询单位、设计单位、施工单位、监理单位一同参与验收过程。

（3）专项验收范围及内容中第一条所述验收内容由验收小组与场馆建设责任单位、全过程咨询单位、体育工艺咨询单位、设计单位、施工单位、监理单位相关人员共同进行验收。在验收过程中按赛时主要使用工作部门作为验收的主要责任方，其他相关工作部及单位参与验收。具体如下：

1）总平面图中景观及亮化工程、场馆功能用房及专用出入口、场馆内环境提升部分验收由场馆建设和基础设施提升部作为验收主要责任方，验收小组其他工作部代表及场馆建设责任单位、全过程咨询单位、体育工艺咨询单位、设计单位、施工单位、监理单位相关人员共同进行验收。

2）出入口、道路、停车场等部分验收由交通保障部、竞赛和场馆运行部共同作为验收主要责任方，验收小组其他工作部代表及场馆建设责任单位、全过程咨询单位、体育工艺咨询单位、设计单位、施工单位、监理单位相关人员共同进行验收。交通保障部负责牵头验收交通保障相关内容，竞赛和场馆运行部负责牵头验收其余内容。

3）运动场地、场地环境、场地照明系统、场地扩声系统、显示大屏系统、标准时钟系统等部分的竞赛功能验收由竞赛和场馆运行部作为验收主要责任方，验收小组其他工作部代表及场馆建设责任单位、全过程咨询单位、体育工艺咨询单位、设计单位、施工单位、监理单位相关人员共同进行验收。

4）升旗控制系统部分验收由市场开发和活动策划部作为验收主要责任方，验收小组其他工作部代表及场馆建设责任单位、全过程咨询单位、体育工艺咨询单位、设计单位、施工单位、监理单位相关人员共同进行验收。

5）场馆信息与通信部分由信息技术部作为验收主要责任方，验收小组其他工作部代表及场馆建设责任单位、全过程咨询单位、体育工艺咨询单位、设计单位、施工单位、监理单位相关人员共同进行验收。

6）场馆及设施电气配置部分由后勤保障部作为验收主要责任方，验收小组其他工作部代表及场馆建设责任单位、全过程咨询单位、体育工艺咨询单位、设计单位、施工单位、监理单位相关人员共同进行验收。

7）安防系统部分由安保部作为验收主要责任方，验收小组其他工作部代表及场馆建设责任单位、全过程咨询单位、体育工艺咨询单位、设计单位、施工单位、监理单位相关人员共同进行验收。

（4）体育工艺专项验收中发现的问题，由场馆建设责任单位负责组织承建单位及其他参建各方解决。

7.4.4　专项验收程序

（1）场馆建设中体育工艺全部完工后，由建设责任单位委托具备相关资质的第三方专业检测机构对体育工艺专项工程进行检测，并出具检测报告。场馆建设责任单位、承建单位完成自检自验合格后，向验收小组提出“场馆 ×× 工程体育工艺专项验收申请”的书面文件，并提交相关资料。

（2）由验收小组对其资料的完整性、符合性进行审查。审查合格后进入现场验收程序。

（3）场馆建设责任单位所提交资料审查合格后 5 个工作日内，验收小组根据工程资料、第三方检测机构检测报告组织现场验收。场馆建设责任单位负责组织体育工艺咨询单位、施工单位、设计单位、监理单位相关人员参加，并负责协调、配合现场验收相关工作，全过程咨询单位协助建设单位开展工作。

（4）验收小组出具书面验收报告。体育工艺专项验收报告下发至场馆建设责任单位、承建单位及其他相关单位，作为场馆移交场馆中心的依据之一。验收不合格的，由场馆建设责任单位、承建单位及时整改，直至合格为止。原则上要求 2 周内完成整改，并重新提出书面验收申请。

（5）验收小组作为场馆体育工艺专项工程初步验收，初验通过后报给相应竞赛主任和国际专业足球赛事技术主席进行最终验收。

（6）场馆竣工验收合格后，场馆建设责任单位凭竣工验收报告向场馆运营单位提出交付申请。运营单位收到申请 5 个工作日内完成交付确认，运营单位与场馆建设责任单位办理交付使用相关手续，场馆建设责任单位在完成交付后将相关资料报场馆建设和基础设施提升部进行备案。

7.4.5　专项验收资料要求

（1）经审查通过的设计方案、施工图设计文件。

（2）竣工图纸。

（3）体育工艺相关的隐蔽工程、重点部位验收记录和签证资料（纸质原件及影像资料）。

（4）体育工艺相关的材料、设施设备合格证、出厂检测报告。

（5）体育工艺专项检测报告。

（6）场馆五方责任主体验收报告。

（7）其他体育工艺专项验收需要的资料。

7.4.6 附表

（1）体育工艺专项验收流程见图 7.4–1。

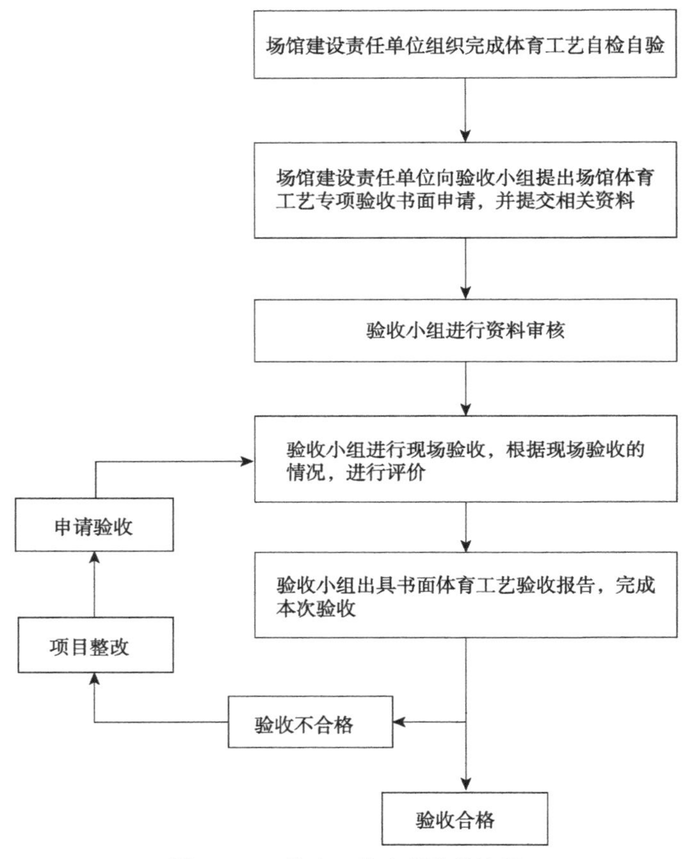

图 7.4–1　体育工艺专项验收流程

（2）体育功能检测（查）项目和内容列表见表 7.4–1。

（3）体育工艺专项验收报告见图 7.4–2。

（4）体育工艺专项验收申请见图 7.4–3。

体育功能检测（查）项目和内容列表　　表 7.4-1

序号	类别	检测依据	主要检测项目	备注
1	LED 显示屏系统	《体育场馆 LED 显示屏使用要求及检验方法》GB/T 29458—2012	亮度、对比度、亮度均匀性、白场色品坐标	竞赛用
2	体育场扩声系统	《体育场馆声学设计及测量规程》JGJ/T 131—2012	最大声压级、传输频率特性、传声增益、稳态声场不均匀度、总噪声级、语言传输指数	
3	体育馆扩声系统		最大声压级、传输频率特性、传声增益、稳态声场不均匀度、混响时间、总噪声级、语言传输指数	
4	体育场馆照明系统（有电视转播）	《体育场馆照明设计及检测标准》JGJ 153—2016	水平照度、水平照度均匀度、垂直照度、垂直照度均匀度、色温、显色指数、应急照明、眩光指数	有灯光比赛需求的场馆
	体育训练场馆照明系统		水平照度、水平照度均匀度、色温、显色指数、眩光指数	
5	体育馆木地板场地	1.《天然材料体育场地使用要求及检验方法 第 2 部分：综合体育馆木地板场地》GB/T 19995.2—2005；2. 最新国际单项联合会竞赛规则	冲击吸收、垂直变形、滑动摩擦系数、球反弹率、场地规格标志、平整度（2m 和 15m）	涉及篮球、乒乓球、排球、羽毛球等木地板运动项目
6	网球场地	1.《体育场地使用要求及检验方法 第 7 部分：网球场地》GB/T 22517.7—2018；2. 最新国际单项联合会竞赛规则	平整度、规格尺寸、坡度、球反弹率	
7	游泳场地（比赛池）	1.《体育场地使用要求及检验方法 第 2 部分：游泳场地》GB/T 22517.2—2008；2. 最新国际单项联合会竞赛规则；3.《游泳池水质标准》CJ/T 244—2016	规格尺寸、静摩擦系数（干、湿状态）、附属设施、水温水质	跳水、游泳、水球等各有要求
	游泳场地（跳水池）			
8	田径场地	国际田联设施手册	场地测绘、缺陷、面层平整度、厚度、冲击吸收、垂直变形、摩擦、拉伸强度、拉断伸长率、颜色、坡度	国际田联二类场地认证
9	升降旗系统	《体育建筑智能化系统工程技术规程》JGJ/T 179—2009		检查类
10	标准时钟系统	《体育建筑智能化系统工程技术规程》JGJ/T 179—2009		检查类
11	样品类检测	相关标准	塑（橡）胶跑道样块、硅 PU、丙烯酸、木地板、沙子	
12	空调系统	1.《通风与空调工程施工质量验收规范》GB 50243—2016；2. 最新国际体育单项联合会竞赛规则	场内温湿度、风速和系统噪声	风速涉及羽毛球、乒乓球项目

续表

序号	类别	检测依据	主要检测项目	备注
13	电气装置	1.《电气装置安装工程 电缆线路施工及验收标准》GB 50168—2018 2.《建筑电气工程施工质量验收规范》GB 50303—2015 3.《体育建筑电气设计规范》JGJ 354—2014 4.《电气装置安装工程 电气设备交接试验标准》GB 50150—2016 5.《继电保护和安全自动装置基本试验方法》GB/T 7261—2016	1.10kV 电缆：绝缘电阻试验、直流耐压试验、超低频震荡波局放、介质损耗试验。 2. 高压开关柜： 1）高压柜常规试验：绝缘电阻试验、工频交流耐压试验； 2）柜内 CT 要做变比通流试验（检查变比设置正确、二次电流回路是否完整、无开路情况）、励磁特性试验（检查硅钢片质量、松动情况、严重匝间问题）； 3）柜内 PT 要做励磁特性试验、二次电压回路要加压检查确保无短路； 4）柜内避雷器要做绝缘电阻、直流耐压 1mA、泄漏电流 75%U1mA 下泄漏电流试验； 5）柜内开关设备要做开关机械特性试验、开关回路电阻； 6）柜内导电回路做全回路电阻测试（对开关触头连接点、刀闸连接点、母排连接点、开关本体）、真空断口耐压； 7）柜体厚度及尺寸检查、温升试验。 3. 变压器试验 配网变压器常规试验：变压器温升试验、承受短路能力试验、高低压绕组直流电阻测试、绝缘电阻及吸收比测试：（1）干式变压器，绕组铁芯对地绝缘电阻测试、温控跳闸测试。（2）油浸式变压器，绝缘油介质强度测试。 4. 微机继电保护测试：交流量采样精度测试、保护逻辑试验测试、保护整组传动试验	场馆红线范围内
14	智能化系统	《综合布线系统工程验收规范》GB/T 50312—2016	电缆布线系统电气性能测试及光线布线系统性能测试	场馆方负责建设的综合布线系统

工程名称	
场馆竞赛项目	
场馆使用性质	比赛□　　训练□　　备用□
责任单位	
承建单位	
验收日期	
报告内容：	
验收结论	
验收小组	

图 7.4–2　体育工艺专项验收报告

工程名称	
场馆竞赛项目	
场馆使用性质	比赛□　　训练□　　备用□
责任单位	
承建单位	
致：场馆建设与基础设施提升部 我单位负责承建的工程体育工艺专项工程已经完工，现场自检合格，相关工程技术资料已经齐全，特此申请场馆建设与基础设施提升工作组进行组织验收。 附件：验收提交资料 责任单位：　　　　承建单位： 日期：　年　月　日　　日期：　年　月　日	

图 7.4–3　体育工艺专项验收申请

第 8 章

专业足球场运营维护阶段咨询

我国体育场馆的运营困境，源于长期以来体育场馆建设一直缺乏真正科学理性的综合策划和可行性研究，场馆与真正的使用需求脱节，与城市生活、产业发展脱节。体育场馆建设追求“标志性”的虚荣心态，导致规模攀比、外观造型凌驾于功能之上，忽略实际用途和使用者的感受，才造成了如今的困境。

运用建筑信息模型、云计算、物联网、移动互联网、大数据、智能硬件等新一代信息技术及能源互联网技术，通过推行场馆设计、建设、运营管理一体化模式，将赛事功能需要与赛后综合利用有机结合，以达到增强场馆复合经营能力，拓展服务领域，延伸配套服务，实现最佳运营效益的目标。

8.1 运营维护阶段目标

8.1.1 保障球场活动顺利进行，满足使用需求

专业足球场在运营维护阶段的目标主要是保障该阶段的活动顺利进行。具体而言，专业足球场运营阶段的活动可以分为以下四类：

1. 随着国际赛事落户中国，职业足球赛事体系逐渐完善，专业足球场商业价值凸显

在职业足球赛事体系不断完善的基础上，专业足球场的商业价值逐渐凸显出来。未来的体育场馆商业价值需要继续通过职业赛事体系来实现，通过创新体育场馆运营机制，积极推进场馆管理体制改革和运营机制创新，将赛事功能需要与赛后综合利用有机结合。鼓励场馆运营管理实体通过品牌输出、管理输出、资本输出等形式实现规

模化、专业化运营。增强大型体育场馆复合经营能力，拓展服务领域，延伸配套服务，从而实现最佳运营效益。

2. 专业足球场承接演艺娱乐、商业展览等多业态活动

国内的大型体育场馆尤其是这几年建成的大型体育场馆其功能已经逐步多元化，现在国内大型体育场馆超过6000个，这些大型体育场馆往往都是一个城市或地区的地标性建筑，这些体育场馆的建设初衷确实是为某几个大型活动或比赛而建，实际上大型场馆随着现代化城市的建设，也承载了现代城市的许多重要商业功能，最主要的方面集中在娱乐演艺，大型国际展览、体育旅游等方面。

以国家体育场“鸟巢”为例，自2008年举办完奥运会之后，“鸟巢”就走上了多元化业务经营的道路，吸引了包括成龙、宋祖英、多明戈等多位国内外明星在此演出，张艺谋导演的《图兰朵》、滚石30周年演唱会和五月天诺亚方舟演唱会均取得了不错的票房，能容纳近10万人的“鸟巢”国家体育场因此也获得了可观的经济效益。

北京工人体育场每年举办10多场大型演唱会以及新片发布会等。看台下方空间设有活动式坐席，可根据不同活动形式增加。

3. 专业足球场展示足球文化，承载球迷的情感寄托

足球文化衍生服务。建成后的专业足球场可作为当地足球俱乐部的主场，譬如北京工人体育场作为北京中赫国安俱乐部的主场，平时可供国安进行训练。同时，在看台下空间设有国安足球俱乐部、超跑俱乐部、北京工体荣誉殿堂等。

德国慕尼黑安联球场（Allianz Arena）在球场内部为球迷提供了各种休闲娱乐设施。餐饮服务、托儿所、名人堂、球迷商店等设施一应俱全。为球迷提供服务的所有区域共计约6500m^2。除此之外还有一些办公室和会议室。体育场的参观时间也不限于比赛的90min内。

伊杜纳信号公园球场也是欧足联五星球场，每一个多特蒙德球迷都以去伊杜纳信号公园球场为傲，在看台上尽情释放自己对多特蒙德球队的热情。

作为国内首座专业足球场，虹口足球场是上海绿地申花足球俱乐部的主场，承载了申花无数的重要时刻，在这里，人们哭过笑过欢呼过，一起为了申花加油助威，成为生命中不可抹去的难忘回忆。对于申花球迷来说，虹口足球场便是心中“圣地”。虹口足球场推出了两款开放内场的产品：一种将11人制的比赛场地，分成4片7人制场地，定价为2小时8000元/片；另一种是11人制包场，定价为2小时10万元。价格远超当地的市场价，但遭到了申花球迷的哄抢，官方放出的15天30片场地，在短短

4 天内全部售罄。球迷说，“这不是钱的问题，在内场踢球应该是每个申花球迷的梦想，加上不知道以后有没有这么难得的机会了。”

4. 满足生活需求，进行商业经营活动

现代化专业足球场，早已不是单纯足球场那么简单的概念。大多数国外新建或重修的现代化足球场，都拥有极其丰富的配套设施。健身、亲子互动、餐饮、停车，这些丰富的配建不仅能在比赛日发挥作用，更可以在非比赛日让场馆“活过来”，保证场馆周边每一天都充满人流，发挥场馆的日常属性。

为满足球迷和观众的需求，在专业足球场周边应有适当的商业店铺。北京工人体育场首层外围空间改造为外向式向外出租，便于开展经营活动，首层房屋出租率达到100%。引入多种类型商家，包括二手奢侈品商店鑫磊名品交流站、滑雪用品 BURTON 销售中心、美容品牌 LS room、英国摩根汽车旗舰店，以及体育之窗自行运营的 A.Hotel 四星级酒店等。

8.1.2　提高盈利、减少亏损，运营的经济性考虑

体育场馆的运营始终是体育产业永恒的主题，从场馆运营的实际收益来看，调研对象中能够实现盈利的凤毛麟角，在全国占比应该是个位数。大中小型场馆运营，能够实现正现金流的更是不多。2013 年 10 月，国家体育总局等八部门出台《关于加强大型体育场馆运营管理改革创新、提高公共服务水平的意见》，指出当前我国大型体育场馆普遍存在建成后运营体制和机制不适应、运营效能不佳、服务能力不强、利用水平不高、配套政策不健全、持续发展动力不足等问题。

场馆运营管理模式亟需创新。传统大型场馆以赛事承办为导向，日常开放利用程度不高，和其他功能的兼容性仍有巨大空间。公共体育场馆配套设施建设标准有待建立和完善，公益属性有待规范和加强，市民健身体验满意度还需持续提升。

虽然大型体育场馆多半作为财政投资，其运营有部分财政补贴，但体育中心作为企业，仍承担运营的责任。运营良好的场馆有几个特点：

（1）区位良好，在市、区中心地带，交通方便；

（2）多功能布局设置：主要空间的多功能和附属空间的多功能运营；

（3）垄断经营：主要是赛事经营；

（4）积极经营：善于开发各类资源，使国有资产保值增值，产生效益；

（5）多种服务协同：具备旅游、会展、零售、餐饮娱乐等服务行业的协同有利于形成区域公共活动中心。

8.2 运营维护阶段工作内容

8.2.1 专业足球场运营管理顶层设计

本着“一流的设施、一流的服务、一流的管理、一流的效益”的运营管理目标，协助专业足球场运营管理有限公司，尽快实现从建设到运营的转变，走品牌项目经营、体育产业化开发战略发展之路；探索、研究，制定出一套现代场馆运行管理的“深圳市体育中心模式”，使企业快速步入“机制企业化、运作市场化、经营项目化、管理专业化、发展多元化”的发展之路；将深圳体育中心建设成为国际一流水准的文化体育交流中心，具备旅游、文化、休闲、运动等综合功能。

8.2.2 建立专业足球场运营管理制度

协助制定《管理手册》《程序文件》《作业文件汇编》《应急预案、方案汇编》《记录表格汇编》，完善程序控制文件、作业文件、应急预案和方案、专用工作记录表格，对体育场馆运行管理和经营开放活动中的每一个工作人员明确岗位职责和行为规范，对机电和弱电设备的维护管理和运行制定相应的操作规程，对每一项可能发生的紧急情况和突发事件制定相应的应急预案，形成了一套规范的场馆运行管理标准，提高保障服务综合能力。

8.2.3 搭建专业足球场体育产业发展平台

建议拓展场馆资源、培育体育产业市场。以“办大赛、树精品”为理念，积极引进高品质、高规格的体育赛事，为打造“品牌体育”，丰富当地市民业余体育文化生活，构建和谐社会做出新的贡献。发挥各运动项目协会优势，丰富协会的活动内容。积极探索和推行场馆冠名价值体系和评估标准，正确把握场馆的社会公益性和冠名权的匹配程度，充分利用好体育广告等无形资产的开发，将专业足球场由企业冠名推向市场，利用体育资源进行市场化运作，进行整体包装和商业推广。以体为主、多种经营，发挥场馆最大功能。大型赛事的市场化运作；办赛理念是赛事主办方、承办方和协办方的合作共赢。大力促进赛事市场深度开发,包装赛事整体形象,提前制定赛事招商方案，进行广泛推介。

8.2.4 打造专业足球场全民健身乐园

将专业足球场全面打造为“体育超市”，建议“体育超市”内实行“一卡通”，消费者凭着一卡就能玩遍“体育超市”内的所有运动项目，为消费者提供了方便。各场馆设施积极对社会开放，中心各大场馆充分发挥场地和教练的资源优势，满足社会需要，有针对性地开设个人体育技能的提高和训练，开展足球、篮球、游泳、武术、网球、羽毛球、乒乓球等项目的社会培训班。举办体育节、广场体育嘉年华活动、健步行等形式新颖、多样，群众喜闻乐见的群体活动。

8.2.5　建议引进和培养并举，建设懂体育运动规律、懂场馆建设和运营规律的复合型专业人才团队

体育场馆的运营管理者，既要了解体育行业，熟悉市场经济规律和市场营销方式，又要掌握先进管理方法。建议组织内部工作培训，鼓励员工通过在职学习，了解行业特征，掌握市场规律；同时通过各种公开渠道，引进国际型的体育场馆管理专业人才，优化团队人才队伍结构。

8.3　运营维护阶段工作方法

8.3.1　运营维护工作策划

专业足球场运营维护工作策划需要建立项目整个运作架构和项目核心管理团队，全面推进项目运营需求、设计、施工各项工作，如图 8.3–1 所示。

围绕行业主管部门、投资单位、建设单位、运营管理公司、全过程工程咨询单位总负责人建立项目管理层，全过程咨询单位各部门、设计、施工、供应商形成项目建设执行层。

通过建立项目整体运作机制，根据项目建设管理大纲，整体推进项目进行，定期动态反馈推进，执行并行工程，保证项目顺利进行。

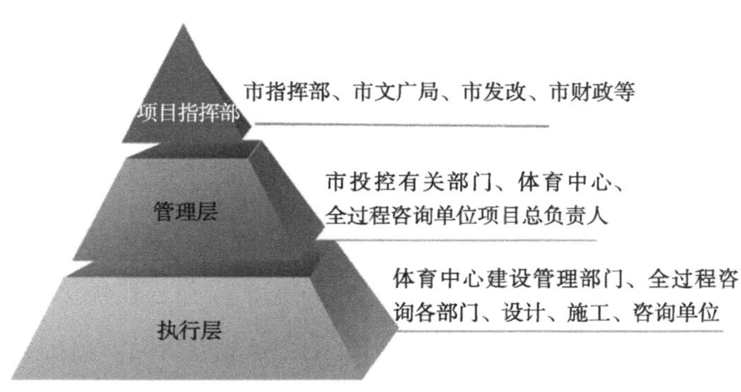

图 8.3–1　项目运作结构

（1）建设全过程始终以运营为导向进行管理。协助业主组织专业运营单位提出准确具体的运营需求，将专业赛事需求和赛后日常运营需求相结合，对建筑空间布置、能源管理要求、运营场地改造等进行提前结合，在建设中节约成本，建成后便于运营，从全生命周期节约成本，实现全生命周期的运营目标。

（2）强化全过程设计管理，从源头控制品质。将前期策划、方案设计以及赛事和运营专业单位提出的需求，通过初步设计、施工图设计、专项深化设计，系统地落实到具体设计细节，如：运动员、观众、新闻媒体、VIP/VVIP 流线设计、草坪设计、体育照明设计、场地扩声系统、斗屏设计等，从项目前期控制项目品质，并持续跟踪，直至项目建设完成。

（3）通过多阶段多方案比较，优化设计、施工具体技术方案。借用 BIM、VR 技术，对设计、施工中的结构设计、施工方案、空间气流组织、场地设施布置、机电系统空间进行模拟，提前虚拟体验，并进行技术经济比较，优选方案，提高建设效率，实现便利运营的目的。

（4）建立项目 BIM 协同管理平台，提高项目沟通效率。通过项目协同管理平台，建立供项目各方协同，及时传递设计、施工现场、加工厂的信息工具，必要时可以开发 App 作为各方及时反馈的手段，促进项目信息及时沟通，解决各方相互制约事宜。

8.3.2 保修阶段管理

1. 保修阶段管理目标

为确保专业足球场投入运营以后的正常使用，各项实用功能满足设计的要求和使用者的需求，保持建筑外观的良好视觉需求，保修阶段监理负责组织检查工程状况，参与鉴定质量责任，督促承包商回访、监督保修直至达到规定的质量标准。

2. 重点、难点分析

专业足球场建筑面积大、工程技术难度高，外立面幕墙系统特殊，屋面设计若为可开合屋面要求更高，机电设备安装工作量大，技术含量高，必须在保修期内进行严格的维修、回访和缺陷处理控制。

依据《房屋建筑工程质量保修办法》，建设单位与施工单位在项目竣工交付使用阶段应签订《工程质量保修书》，以便指导使用单位正常操作，避免因使用不当而造成的质量缺陷和故障事故，从而引发严重后果。质量保修书包括以下范围和内容：

（1）地基基础工程、主体结构工程（混凝土结构和钢结构）；

（2）屋面和天窗防水工程、有防水要求的地下室、共同沟、卫生间、房间、外墙面以及外立面玻璃幕墙的防渗漏；

（3）供热与供冷系统；

（4）电气管线、给水排水管道、设备安装系统；

（5）智能化控制系统；

（6）装修工程。

3. 保修阶段管理措施

建立与建设单位、项目管理团队及施工单位的服务联系网络。进入保修阶段，监理单位根据建设单位、项目管理团队要求在参加项目施工阶段监理工作的监理人员中保留必要的专业监理人员。监理单位保持与建设单位、项目管理团队的密切联系，关注工程使用状况是否正常，随时听取用户意见。同时，与施工单位保持电话联系，并且要求施工单位指定保修阶段的负责人。

审核施工单位的回访工作和质量缺陷修复方案。督促施工单位按其编制的《回访工作计划》对工程使用状况进行质量回访，并在气候突然变化（台风、冬季低温）如台风暴雨过后组织建设单位、使用单位进行检查，对发现的问题按单位工程进行记录。监理人员对用户反馈的意见和以上质量回访与检查中发现的质量问题与缺陷发现的原因进行详细调查分析，并确定质量缺陷的事实和责任。比较严重的质量缺陷应由监理单位组织建设单位、设计单位和施工单位共同研究分析原因，确定质量缺陷的处理、修复方案，由监理单位监督，由施工单位实施处理、修复。施工单位若不能按《工程质量保修书》或 / 和《工程质量修理通知书》约定的时间和地点，派出作业人员到场进行维修，监理单位应书面通知建设单位，可由建设单位委托其他施工单位完成。其处理、维修、修复发生的费用依据施工合同规定在质量保修保证金中扣除。

建立监理单位的回访检查制度。在监理合同约定的监理保修服务期即将到期的前 1~2 个月，由监理单位组织建设单位、项目管理团队、使用单位以及施工单位共同对工程进行全面目测检查，对发现的问题及需要维修的内容按单位工程列表记录，并督促施工单位在约定的时间内整改、修复。在监理合同约定的监理保修服务期到期后，施工单位仍应按施工合同和国家《建设工程质量管理条例》的规定对工程继续履行质量保修义务。监理单位仍将按建设单位、项目管理团队、使用单位的约请，继续为建设单位、使用单位提供质量缺陷处理、维修、修复的技术咨询服务，必要时亦将派出专业监理人员到场监督落实。

（1）屋面防水工程

1）进行季节性回访，夏季重点回访金属屋面及可开合屋面的防水工程；

2）进行技术性回访，对屋面工程中采用的新材料、新技术、新工艺以及金属屋面及可开合屋面构造节点处理回访使用效果；

3）进行特殊性回访，对特殊的屋面工程系统进行专访，如在遭遇台风、暴雨后，金属屋面系统及可开合屋面系统的接缝处理检查。

（2）有防水要求的地下室、玻璃幕墙等的防渗漏

1）进行例行回访：根据年度回访工作计划的安排，采用电话询问、会议座谈、半年或一年的走访等形式了解有防水要求的卫生间、房间和外墙面、幕墙工程、门窗工程的使用状况；

2）季节性回访：夏季、冬季重点回访房间和外墙面、幕墙工程、门窗工程的防渗漏情况；

3）技术性回访：对施工过程中采用的新材料、新技术、新工艺，如外倾式点式玻璃幕墙系统，回访使用效果；

4）特殊性回访：对外立面伸缩缝的特殊处理节点的渗漏情况进行专访。

（3）供热与供冷系统

1）季节性回访：夏季重点回访空调工程；冬季重点回访供热系统和采暖工程；

2）技术性回访：对施工过程中采用的新技术、新工艺、新设备工程，回访空调工程、采暖工程的使用效果，以及空调工程、采暖工程设备的运行状态及技术状态。

（4）电气管线、变配电系统、给水排水管道和卫生洁具系统

1）例行回访：根据年度回访工作计划的安排，采用电话询问、会议座谈、半年或一年的走访等形式了解电气管线、给水排水管道、卫生洁具的使用状况；

2）技术性回访：对施工过程中采用的新材料、新工艺，如虹吸式排水系统，回访使用效果；

3）特殊回访：对变配电系统、屋面虹吸式排水系统等进行专访。

（5）机电设备安装、建筑智能控制系统

1）例行回访：根据年度回访工作计划的安排，采用电话询问、会议座谈、半年或一年的走访等形式；

2）技术性回访：对施工过程中采用的新技术、新工艺、新设备，如水蓄冷等，回访使用效果；

3）特殊性回访：针对某一特殊工程进行专访，回访设备运行状况、技术状态，如

登机桥系统、排烟天窗开启设备等。

（6）装修工程

1）例行回访：根据年度回访工作计划的安排，采用电话询问、会议座谈、半年或一年的走访等形式了解建设单位、使用单位在使用过程中发现的质量缺陷；

2）技术性回访：对施工过程中采用的新材料、新技术、新工艺，如大面积、大跨度超薄铝合金吊平顶、橡胶地板和自动玻璃门等，回访使用效果；

3）特殊性回访：针对特殊工艺工程进行专访，如点式玻璃幕墙的稳定与玻璃受温度、应力变化影响等，回访安全状况。

8.3.3　项目后评价

1. 项目后评价工作目标

项目后评估指在项目建成投产或投入使用后的一定时刻，对项目的运行进行系统的、客观的评价，并以此确定目标是否达到，检验项目是否合理和有效率。

通过对项目后评价，可以及时反馈信息、调整相关政策、计划、进度、改进或完善在建项目；可以增强项目实施的社会透明度和管理部门的责任心，提高投资管理水平；可以通过经验教训的反馈，修订和完善投资政策和发展规划，提高决策水平，改进未来的投资计划和项目的管理，提高投资效益。对体育建筑从立项到建成运营进行后评价，对运营管理提出有针对性的建议。

2. 项目后评价重点和工作内容

专业足球场建成后往往成为当地的地标性建筑，公众参与度高，因此在后评价中需要特别注意分析项目对所在社区乃至城市的社会影响。

项目后评估一般包括目标评估、过程评估、效益评估、影响评估、持续性评估。

项目目标评估就是通过项目实际产生的一些经济、技术指标与项目决策时确定的目标进行比较，检查项目是否达到预期目标或达到目标的程度，分析产生的偏差，从而判断项目是否成功。全过程工程咨询服务模式下的设计管理团队在目标评估时需要比较项目的实际建成面积、实际容积率、实际占地面积等是否与项目立项时一致，如果不一致，分析原因并总结经验教训。

项目过程评估是根据项目的结果和作用，对项目的各个环节进行回顾和检查，对项目的实施效率作出评价。过程评价的内容包括立项决策评价、勘察设计评价、施工评价、生产运营评价等。全过程工程咨询服务模式下的设计管理团队在过程评估时需要比较项目的实际出图时间、实际设计成果文件等是否与项目设计任务书一致，如果不一致，分析原因并总结经验教训。

项目效益评估从项目投资者的角度，根据后评估时各年实际发生的投入产出数据，以及这些数据重新预测得出的项目计算期内未来各年将要发生的数据，综合考察项目实际或更接近于实际的财务盈利能力状况，据此判断项目在财务意义上成功与否，并与项目前评估相比较，找出产生重大变化的原因，总结经验教训。

影响评估是对项目建成投产后对国家、项目所在地区的经济、社会和环境所产生的实际影响进行的评估，据此判断项目决策宗旨是否实现，包括经济影响评估、社会影响评估、环境影响评估。全过程工程咨询服务模式下的设计管理团队在影响评估时需要着重考虑项目对环境是否产生不利影响，可否通过设计优化进行避免等，能否通过绿色设计、可持续设计等增加项目单体或整体的可回收性、可维护性、可重复利用性等来降低对环境的不利影响。

持续性评估是对项目在未来运营中实现既定目标以及持续发挥效益的可能性进行预测分析。全过程工程咨询服务模式下的设计管理团队，在持续性评估时需要配合其他团队提供相应资料或予以支持。

3. 项目后评价工作思路

首先，根据项目特点进行各阶段资料收集齐全，对过程决策资料、报批报建过程、各项技术方案及审批资料、过程管理资料分类收集整理，及时进行阶段性小结。竣工验收及测试赛完成后，即可准备开展后评价工作。收集的资料包括但不限于：

（1）收集项目决策阶段的主要文件、项目实施阶段的主要文件，项目运营阶段的主要文件。

（2）工程技术指标：设计能力、技术工艺（建筑声学、体育灯光设计、通风、交通流线、竞赛场地、消防、智能化、无障碍设计）、体育工艺足球场草坪、网球场地面、篮球场地板选择及体育竞赛系统（信息显示控制、场地扩声、售检票、现场影像采集与回放、标准时钟、电视转播与评论、升旗控制、比赛设备集成管理）合理性、可靠性、先进性、适用性、机电设备（如灯光照明、开合屋盖、通风、扩声）性能、工期、进度、质量等。

（3）项目立项时的环境评价、社会效益评价、管理效能评价项目目标和可持续性等指标。

（4）决策阶段：可行性研究目标是否明确合理、技术方案路径是否可靠适用、经济合理，风险评估揭示是否到位、决策建议是否合理、结论是否可靠等。

（5）项目建设准备阶段：勘察设计结论可靠性、技术方案科学性、设计文件完备性。

（6）项目建设实施阶段：回顾采购招标合法合规合理，便于施工与管理，合同签订合法合规、开工准备充分。

（7）项目建设阶段：合同执行与管理的办法与效果如何；重大设计变更管理是否规范；有效资金使用与管理是否规范严格；实施过程的监督管理是否到位；建设期的组织与管理是否高效合理。

（8）运营阶段：测试赛测试结果是否达到设计要求，满足 FIFA 等国际国内赛事的标准与要求；运营准备、竣工验收、资料档案管理、运营组织与管理是否达到目标，后续预测可否更好，同时满足提升全民健身、文体文化、文体教育、休闲活动、旅游集散及场馆日常运营等多方面功能的要求。

项目后评价应根据不同情况，对项目立项、项目评估、初步设计、合同签订、开工报告、概算调整、完工投产、竣工验收等项目周期中几个时点的指标值进行比较，特别应分析比较项目立项、可研批复与竣工验收完成测试赛后两个时点指标值的变化，并分析变化原因。

4. 项目效果效益评价

工程技术效果、工艺装备、技术水平是否先进，财务和效益是否满足可研要求；管理效果是否达到设计目标；项目影响评价环境影响社会影响是否均为有利；项目目标实现情况和可持续性评价指标是否达到要求。

5. 主要经验教训、对策与建议

项目决策阶段、准备阶段、建设阶段及运营阶段的主要经验教训与对策建议。

8.4 专业足球场运营维护阶段关键工作

8.4.1 场馆空间管理

标识系统是体育场馆空间环境的重要组成部分，它以精练之形传达特定含义，为参赛人员、观众、游客、市民等提供公共信息和明确导向，一般有悬挂式、立地式、嵌墙式三种。

（1）做好标识系统的事前预控工作

1）熟悉标识系统的设计图纸，结合国内主要体育场馆标识系统施工监理的经验，参与标识系统深化设计的研讨，力求系统达到标识清晰、导向明确、路线便捷，满足体育场馆运行中对各类人员流程导向的要求。

2）认真审查标识系统的深化设计图纸，重点审查标识灯箱系统的固定方式、供电方式以及饰面面板与周围环境的协调性以及接口处理等方面。

3）认真审查施工组织设计，重点审查施工工艺、主要材料、设备的选用，施工组织及施工协调等问题。

4）把好材料、设备进场验收关：组织考察主要材料、设备生产商。主要材料的技术指标必须满足设计及使用功能要求，监理要进行随机抽样检测，确保材料的可靠性。

5）与体育专业有关的标识牌安装前应经体育主管部门或设计单位确认，以防后期大量返工。

6）有配电要求的标识牌系统，施工单位进场前后应与电气施工单位交底明确，标识点位，有配电要求的标识牌，应由电气施工单位提前预埋电管并穿电线。

7）有弱电通信要求的标识牌，施工单位进场前后应与弱电施工单位交底明确标识点位，有弱电通信要求的标识牌应由弱电施工单位提前预埋相应管线。

8）标识牌安装的支座（墙、顶、地）应与土建、装修、机电、弱电等单位充分协调。

（2）严格把握隐蔽工程验收关

1）按各类标识的定位要求严格设计逐个复核，做到定位准确，标示满足设计要求。

2）涉及使用安全的标识体和主体结构的连接要严格按相关规范进行验收，立地标识应安装牢固能承受外力冲击，悬挂标识应固定在混凝土结构上，不得与吊顶龙骨、吊杆连接，嵌入式标识应与墙面连接牢固。

3）标识体（箱）结构应按不同类型材料按相关的规范标准分类进行验收。

（3）饰面及系统调试监理控制要点

1）饰面材料的选用要与周边装饰效果协调，饰面板安装应严格按高级装饰的标准验收，嵌入式标识饰面施工不得损坏已经完成的墙、地面装饰，影响墙、地面的整体装饰质量。

2）导向标识要严格按设计要求制作，包括标识的位置、标识的形式、标识的规格等。

3）标识系统的文字，要根据立地标识、悬挂标识、嵌入标识的不同位置，标识高度等，选用不同的文字规格、文字字形及国际常用语言文字，用最简洁的文字满足标识功能。

4）电梯、自动扶梯等特种设备标识应符合特种设备相关标准、规范要求。

5）标识系统的调试，建议由标识系统施工单位组织，电气施工单位、弱电施工单位以及安装单位联合调试，满足设计要求。

8.4.2 赛事管理

1. 赛事活动类运营特征

现代体育场馆在大型赛事、活动举行时，最大的运营特点是人口密度在一定时间内迅速增长，结束后又急剧减少。

赛事、活动的举办时间：大型体育场馆主场馆举办大型文体活动的开场时间一般为周末或工作日的 19 ： 30~19 ： 45，活动持续时间 1.5~2.5h；其他场馆举办活动时间较分散。少量赛事根据赛程要求，也可能在工作日的下午 2~5 点举办。

大型赛事、活动准备工作期（7~15d）的运营特点：在此期间，大型赛事、活动的举办单位、参加单位、配合单位、新闻媒体的工作人员、服务人员和各类物资器材大量进场；体育场馆的各类专业设施设备全民启用，如专业训练场、各类办公用房的使用准备等；足球比赛的划线、球门挂网准备、商业演出的舞台搭建、草坪铺设等。

大型赛事、活动举行时的运营特点：大型赛事、活动的安全保卫人员、检票人员等工作人员及观众在 1~3h 内全部进场，人员迅速达到几万人，体育场馆的全部机电设备、强弱电系统、配套功能用房、停车场等全面投入使用，配套的餐饮、商业网点的经营活动也随之活跃起来。

大型赛事、活动结束时运营特点：大型赛事、活动一旦结束，运动员、演员要马上离场。为确保期间连同观众在内的几万人在短时间内安全撤离，相关设施设备需满负荷运转，同时主办单位也要及时完成各项活动临时设施、设备的撤离与卸运工作。

2. 赛事交通特征分析

（1）聚集性

大型体育场馆举行活动时，其产生吸引的交通具有规模大、集散时间集中的特点，比大型展览会交通的集聚性还要集中。主要是因为大型体育场馆在举行活动时，具有明显的时间标志，即开场时间和结束时间，通常在开场时间前为交通聚集阶段，在结束时间后为交通疏散阶段。

（2）交通方式构成的不确定性

大型体育场馆的交通构成往往受很多因素的影响,如体育场馆的区位、活动的内容、城市交通环境背景、观众层次等因素。因此当一个大型体育场馆刚刚建成投入使用时，很难通过借鉴经验或其他交通分析手段掌握观众的交通方式构成，因而很难确定各种车型的停车泊位需求。

（3）OD 方向的一致性

由于大型体育场馆举行的活动持续时间较长，因此一般情况下观众会将观看活动作为一段时间内（半天或一晚上）的唯一出行计划,因而观众会遵循“从哪来,回哪去”的交通规律。即使在实际中有部分观众的“O–D”发生了改变，但是相对大型体育场馆的各个方向而言，聚集和疏散的交通在各方向上的分布是较一致的。

（4）车流“可约束性”与人流“难以约束性”

在大型体育场馆举行活动时，一般会投入相当的管理人员，对机动车停车进行管理，从而使机动车和非机动车能够按照既定的交通组织路线进入停车场，然而下车后的人流并不会完全按照既定的交通组织线路进入体育场馆，而是根据自己的视觉指引横穿停车场直接向体育场馆靠近。因此在集散交通组织中，虽然可以通过管理约束机动车流，但是人流很难约束，需要通过必要的硬设施工组织人流。

3. 赛事人流与车流集散规律

由于大型体育场馆活动具有明显的时间标志性，通常在开始时间前为交通聚集阶段，在结束时间后为交通疏散阶段。参加大型文体活动客流的进场时段为开场前0.1~2.5h，其中开场前0.5~1.5h为客流进场高峰时段，该时段进场人数约占总人数的60%~80%；大型文体活动客流的散场时段为活动结束后1h左右，按活动持续时间2h计算，客流散场高峰时间段散场人数占总人数的80%~95%。

在交通疏散阶段，由于人流退场至停车场需要一段时间，因此车流疏散的起始时间要比人流疏散起始时间晚，在疏散过程中，人流疏散高峰也较车流疏散高峰出现得早，往往较快。

4. 赛事交通组织

专业足球场集散交通组织规划应当以快速集散交通的时间为目标，制定“安全”“有序”“快速”的组织策略和交通组织原则。

为保障集散交通组织的“安全性”，应采用以人为本的交通组织原则，保障观众散场流线的通畅和便捷性，并尽量做到人车分离。

为保障集散交通组织的“有序性”，应按照不同车型，不同车流的“O–D”方向，将停车场进行分区组织。

比赛结束后，可通过在各比赛场馆周围布置大量临时栏杆，引导赛场观众在体育馆前广场内迂回行走。从而在较长的规划步行线中诱导人流从无序到有序地向不同的站点行进，使得不同目的地的观众形成有秩序的行人交通，完成快捷的交通换乘。同时，应该对不同的用户设置不同的进出通道，观众和运动员、裁判、官员、媒体的通道及交通流线应该各不相同，各不干扰，比如官员等的通道数量少但要专用，观众的通道要数量多而且便于疏散。

根据观众的目的地的不同，可将主场周边的缓冲区出口与相对应的公交站点紧密结合起来，使得不同方向的行人在缓冲区便可以很快地由指路标志引导，在较短的时间内形成有序的人流队伍。同时，不同的公交站点承担不同目的地的线路，也有助于提高运输的效率。同时场馆区域的服务车辆和往返穿梭客车与步行流的相互影响也应充分考虑，应尽可能做到空间分离。

5. 赛事安保管理

在大型赛事和活动期间，体育场馆人口密度会急剧增大。开场前，大量人群在短时间内集中进入；散场时，集中的人群必须迅速疏散。安保人员必须具备训练有素的专业安全管理技能，加强设备设施的安全、观众的安全、贵宾的安全、工作人员的安全、车辆的管理及活动中各种突发事件的处理技能，同时要与地方对口管理机构保持密切有效联络，有力保证大型赛事、活动期间的安全。

由于专业足球场的看台距离场地太近，这对于球场安保力度以及球迷文明观赛都是一个不小的考验。如果在激烈的比赛中，专业球场的设置简直就是投掷杂物或集体冲进场地内的不文明行为的“温床”。

8.4.3　草坪养护管理

草坪养护管理包括剪草、施肥、修补、病害虫防治、杂草防治等工作。草坪养护与管理应遵循生态、环保、节约、高效的原则。应以预防为主、综合防治。

1. 修剪

修剪频率应依据修剪高度要求、使用频率、草种特性、生长时期确定。

修剪设备宜选择滚刀式剪草机。修剪前应检查并确认剪草机的修剪高度及刀片锋利程度。剪草机使用后应及时清洗、消毒和检查。

技术要求如下：

（1）每次修剪掉的部分应不超过草坪草茎叶组织自然高度的 1/3。

（2）修剪高度应依据草坪草种特性及生长时期确定，比赛期间应为 25~30mm。

（3）修剪前应清除草坪上的杂物。

（4）每次修剪应变换行进方向，避免同一地点以同一方式、同一方向重复修剪。

（5）修剪过程出现不规则条痕时应立即停止修剪并调整剪草机。

（6）修剪方向应垂直于边线，应采用直线匀速行进方式。

（7）应在草坪干爽状态下进行，并整齐、无遗漏、无重剪，草屑应及时运出场外进行处理。

2. 灌溉

灌溉水质应符合现行国家标准《农田灌溉水质标准》GB 5084 的要求。

灌溉频率应依据土壤质地及天气状况确定，当土壤含水量低于田间持水量 60% 时应进行灌溉。

技术要求如下：

（1）单次灌溉宜浇透根系层。

（2）宜选择在清晨，高温季节可选择中午进行短时灌溉降温。

（3）应保证灌溉均匀性，若有盲点应及时进行补充。

（4）地埋式喷灌每次灌溉结束后应检查喷头是否回位。

（5）封冻水浇灌时间宜为 11 月下旬，返青水浇灌时间宜为 3 月上旬。

3. 施肥

无机肥宜在草坪草适宜生长期施入，有机肥宜在休眠前或休眠初期施入。

当存在不利于草坪草生长的因素时，应减少或暂缓施肥，或选择叶面肥。

技术要求如下：

（1）应依据土壤养分测试结果并结合草坪外观及使用需求进行配方施肥。

（2）土壤 pH $\geq$ 8.0 时，应先进行土壤改良再进行施肥。

（3）施肥前应明确标识出施肥路线及区域范围；施肥时应保持速度均匀一致，保证肥料分布均匀。

（4）颗粒肥撒施应采用专业草坪撒肥机在草坪干爽状态下进行，施肥后应及时浇水。

（5）叶面肥应稀释至安全浓度后再进行喷施，施后不宜立即浇水。

（6）应保留所施肥料种类及浓度的记录。

4. 病虫害防治

应采用物理防治、生物防治、化学防治相结合。应依据病状、病症科学诊断病害并选择药剂类型和使用方法。

技术要求如下：

（1）应依据害虫的生活习性、发生规律等选择药剂类型和使用方法；地下害虫可采用通气措施及灌溉进行预防，地上害虫可通过杜绝或减少虫源预防。

（2）应选择高效、低毒、低残留药剂。宜交替使用不同类型药剂，药剂施用应符合现行国家标准《农药合理使用准则》GB/T 8321 的要求。

（3）药剂浓度、剂量及施用次数应参照使用说明及发病实际情况确定，做到及时、安全、有效。

（4）喷药宜在晴天、无雨、无风或微风的天气进行，应均匀，不漏施、不重施。

（5）严重区域应清除草坪。

5. 杂草防除

应优先采用物理、生物防除方法，严重时可采用化学防除。

选择化学防除时，应依据草坪种类、杂草种类、发生规律等选择除草剂类型和使用方法。禾本科杂草宜选择萌前除草剂，阔叶型杂草宜选用选择性除草剂。

萌前除草剂应在杂草萌发前喷施，喷后立即浇水；选择性除草剂施用时间以杂草三叶期至分蘖前为宜。

首次使用除草剂时，应确认其药效且对草坪无药害后再进行大面积使用。

药剂施用应符合现行国家标准《农药合理使用准则》GB/T 8321 的要求。

6. 打孔

依据土壤状况、生长时期、生长状态、比赛安排等因素可选择空心打孔和实心打孔。

冷季型草坪草空心打孔宜在 3~5 月和 9~10 月各进行 1 次，暖季型草坪草空心打孔宜在 5~8 月进行 1~2 次；实心打孔整个生长季均可进行。当存在不利于草坪草生长的因素时，应减少或停止作业。

打孔设备应选择专业草坪打孔机。

技术要求如下：

（1）应预先标示喷头位置。

（2）土壤过干或过湿时不宜进行作业。

（3）打孔深度应根据土壤改善需求及草坪草生长状况确定。空心打孔深度以 50~80mm 为宜；实心打孔浅层以 50~100mm 为宜，深层以 100~200mm 为宜。

（4）打孔后应进行覆沙。

（5）空心打孔产生的土芯应及时处理。

7. 垂直切割

切割时期，冷季型草坪草宜在 3~5 月和 9~10 月，暖季型草坪草宜在 5~8 月。当存在不利于草坪草生长的因素时，应减少或停止作业。

切割设备应选择专业草坪梳草切根机。

技术要求：

（1）应预先确认对草坪表面的破坏程度。

（2）应预先标示喷头位置。

（3）土壤过干或过湿时不宜进行作业。

（4）切断营养枝和防控枯草层时刀片入土即可，改善表层土壤通透性时刀片入土深度 20~50mm。

（5）垂直切割后应进行覆沙。

8. 覆沙

覆沙宜在打孔和垂直切割后、改善坪床表面平整度和草皮铺设后进行。冷季型草坪草宜在 3~5 月和 9~10 月，暖季型草坪草宜在 5~8 月。

覆沙频率宜遵循少量多次的原则，依草坪利用目的和生长特点确定。

覆沙设备应选择专业草坪覆沙机。

技术要求：覆沙前应先进行修剪，材料宜与根系层用沙一致。单次覆沙厚度宜为 2~5mm，覆沙后宜用拖网拖平。

9. 滚压

滚压宜在草皮更换后和平整坪床表面时进行。草坪长势较弱或土壤过湿时不宜进行作业。滚压设备应选择专业滚压机。

技术要求：草皮更换后，滚压重量宜低于 500kg；平整坪床表面时，滚压重量宜低于 2000kg。

10. 草坪更新

根据退化程度和场地使用要求确定更新时间，宜在适宜生长期内进行。更新前应明确草坪退化原因，提出更新方案。

11. 冬季养护

草坪覆盖期宜为 11 月下旬至次年 3 月上旬，材料宜选择塑料膜、无纺布等，并进行固定。补水应根据场地土壤状况及草坪需求进行，宜在白天温度较高时进行并注意保温。应减少草坪践踏和机械碾压。

12. 比赛前后养护与管理

（1）赛前养护与管理

应清理场地杂物。如有需要可进行局部草皮修补。

赛前应进行修剪，宜进行滚压，修剪高度和方向应符合比赛要求。

施肥作业应在比赛前 24h 停止，化学药剂施用应在比赛前 48h 停止。

赛前可进行短时喷灌，时间不超过 5min。

场地出现积水时，应及时进行排水。

打孔时间以不影响比赛为宜，空心打孔应在比赛前 2 周完成。

划线应符合比赛规定。应使用水溶性环保材料。应保证均匀、清晰、迅速干燥。

（2）赛中养护与管理

应及时检查场地并清理杂物；应及时对破损草皮进行修补。

（3）赛后养护与管理

应及时检验场地、修补破损草皮，必要时应覆沙并进行草坪更新作业。应清理场地杂物和平整场地。

8.4.4 设备设施管理

专业足球场的设备设施管理需要做好维保、记录，并特别要注意以下方面：

1. 专业人才持证上岗

大型赛事、活动的大屏正常显示、音响设备的安全播放、检票口的规范操作、运动员休息的热水供应等每个环节工作，都要求专业人才持证上岗、熟练排除故障。

2. 配备必要的专业机械

专业足球场面积大，配备必要的专业机械是减少人力成本、提高劳动效率的有效手段。如武汉体育中心疏散平台面积有 28275m^2，日常保洁人工清洁一次，需要一人使用尘推花费 5 个工作日的时间完成。如果使用中型清扫车全面清扫吸尘一次，需要一人驾驶花费半个工作日的时间完成。

近 20000m^2 的专业草坪，在配备齐各种机械设备后，包括修剪、浇水、洒药、覆沙所有工作，仅需按专职两人配备。

3. 做好设备设施的应急操作管理

专业足球场的设备设施在日常工作中，除了正常维保和检查外，在每场赛事活动前，制定演练计划并进行实操演习是必须要做的工作。特别是在赛事和活动进行期间，要确保各设备的运行不能出现一点闪失，并能随时启动应急设备。

第 9 章 智慧场馆应用管理

9.1 智慧场馆概述

体育场馆的发展经历了如下三个阶段：

2001 年以前，传统体育场馆只能满足体育赛事及健身运动的基本需求。

从 2001 到 2016 年是智能场馆发展阶段，伴随北京奥运的一批体育场馆建设和《体育建筑智能化系统工程技术规程》JGJ/T 179—2009 的实施。在智能楼宇框架下进行硬件设施的投入，即通过楼宇自动化系统（BAS）对整个体育场馆的建筑自控、综合布线、安防安保、出入控制、给水排水系统、供配电系统、照明系统、电梯系统、比赛设施等各种设备实施自动化监控与管理，保证举办体育赛事和实现体育建筑的多功能应用。

2016 年以后，在新一代信息技术的推动下，智能体育场馆也在向智慧体育场馆升级的过程中不断发展完善。其中，“智能体育场馆”和“智慧体育场馆”的分水岭是人工智能技术的应用。智慧体育场馆是具有全生命周期的生命体，建筑会感知、会学习、会判断，会对使用者不断地进行反馈。如果说“智能体育场馆”是一个具有一定反应机制的“机械体”，那么智慧体育场馆则是一个具有“全生命周期”的“生命体”。

综上，我们可以认为智慧体育场馆是基于云计算、物联网、互联网、大数据等现代通信技术具备智能反馈和决策支持能力的体育场馆。

9.2 智慧场馆系统的建设管理

9.2.1 火灾自动报警系统

火灾自动报警系统应单独布线，系统内不同电压等级、不同电流类别线路不应布在同一管内或线槽的同一槽孔内。

专业足球场消防要求高，因此，为保证消防电源的可靠性，应单独设置一路 UPS 电源及一路柴油发电机电源。消防泵、消防电梯、消防控制室等消防设备供电均设置双电源末端自动切换设备，消防设备配电装置均有明显消防标志。引至消防设备的配电线路采用 MI 氧化镁防火电缆。引至消防设备的配电方式用放射式。

监理控制要点：

（1）设备和材料的验收：消防设备应根据《中华人民共和国产品质量法》《中华人民共和国消防法》的有关规定，进入中国市场的国内外消防产品应遵守消防产品市场准入规则。

（2）管线敷设：金属线槽应涂刷防火涂料，敷设后要用黄绿色导线作接地跨接并在全长不少于 2 处与接地干线连接。金属导管严禁对熔焊连接；镀锌和壁厚小于等于 2 ㎜的钢导管不得套管熔焊连接。交流单芯线缆不得单独穿于钢管内。不同电压等级或交流与直流的电线不应穿于同一导管内。管内和线槽内敷线不得有接头。消防控制设备的外接导线当采用金属软管作套管时，其长度不宜大于 2m，管卡固定间距不应大于 0.5m。金属软管与接线盒或箱连接应用锁母固定，并按配管规定接地。敷线和接线除要符合规范规定以外，还应做绝缘测试，绝缘电阻值必须≥ 20MΩ。

（3）火灾探测器、报警按钮、模块控制口等安装：火灾探测器安装距梁边、墙间、风口距离必须符合规范规定，探测器的“+”线应为红色，“–”线应为蓝色；探测器的确认灯应面向便于人员观察的主要入口方向。

手动报警按钮、模块和报警电话插孔安装在距地高 1.5m 处，安装牢固标识明显。

火灾控制器落地安装其底应高出地坪 0.1~0.2m；内部配线应整齐绑扎成束；端子板接线不得超过 2 根，端部应标明编号。

9.2.2 安保监控防盗报警系统

涉及的设备、产品均应符合设计文件的规定。安全技术防范产品必须经过国家或行业授权的认证机构（或检测机构）认证（检测合格），并取得相应的认证证书（或检测报告）。

安全防范系统线缆敷设、设备安装前，建筑工程应具备下列条件：预埋管、预留件、桥架等的安装符合设计要求；机房、弱电井的施工已经结束。

摄像机安装注意事项：

（1）安装前应逐个通电和粗调，在摄像机处于正常工作状态时才可安装。

（2）检查云台水平、垂直转动角度，根据设计要求定准云台转动起点方向。

（3）检查摄像机在防护套内紧固情况，摄像机防护套的雨刷动作。

（4）检查摄像机座与支架或云台的安装尺寸。

（5）摄像机引出电缆宜留有1m的余量，不得影响摄像机的转动。摄像机的电缆和电源线应固定，不得用插头承受电缆的自重。

（6）监视器安装应符合设计要求，便于操作，监视器应不受外来光直射。

（7）系统清晰度、灰度应使用综合测试卡进行抽测，抽查数不少于10%。

（8）对系统的各项功能检测，其功能指标应符合设计要求。检测过程中还应检测有无监控的盲区。

（9）监控中心系统记录（包括监控的图像记录和报警记录）的质量和保存时间是否达到设计要求。

（10）防盗报警采用现场报警、无线传输与保安、公安建立通信联系并实现与区域报警中心联网。

9.2.3 智能一卡通系统

管线敷设、机柜安装必须符合《建筑电气工程施工质量验收规范》GB 50303—2015的要求。配合装饰工程安装的读卡器、破玻璃器、出门按钮、门磁开关和门锁安装应符合公安部的规定。

各子系统的主机安装必须接地良好可靠。各子系统的调试是工程的重点。关键工作是要做好旁站监理和协调好各相关系统的联调，符合设计及规范要求。

门禁系统出入口控制功能检测。系统主机在线或离线的情况下，出入口（门禁）控制器独立工作准确性、实时性和储存信息功能，以及出入口（门禁）控制器和主机之间的信息传输功能。

检测掉线后，启动备用电源应急工作的准确性、实时性和信息储存及恢复的功能。系统对非法强行入侵及时报警的功能。检测车系统与消防系统报警时的联动功能。现场设备的接入率及完好率的测试。系统信息储存记录保存时间应满足管理要求。

9.2.4 电子巡更系统

按照巡更路线图检查系统的巡更终端、读卡机的响应功能。现场设备的接入率及完好率的测试。检查巡更管理系统编程、修改功能以及撤防、布防功能。检查系统的运行状态、信息传输、故障报警和指示故障位置的功能。巡更系统的数据存储记录保存时间应满足管理要求。

9.2.5　卫星和有线电视系统

施工中应检查卫星天线的安装质量、高频头至室内单元的线距、功放器及接收站位置、缆线连接的可靠性必须符合设计及规范的要求。系统的防雷及工作接地应可靠。

（1）自办节目功能的前端，采用的视频设备信噪比不应小于 45dB。

（2）采用相邻频道传输的前端设备应符合下列要求：1）应具有 60dB 以上的邻频信号抑制特性；2）频率偏移在甚高频段不应大于 20kHz；3）图像伴音功率比的调整范围应为 10~20dB。

（3）传输干线敷设应符合规范规定，对干线衰耗要加装放大器或耦合器。

（4）分给分配网络部分的交扰调制比、载波互调比的指标，宜在分配网络部分的桥接放大器和各延长放大器上均等分配。

（5）前端部分调测：检查前端设备所用的电源，应符合设计要求；电视台正常播出情况下，在各频道天线馈线的输出端测量该频道的电平值，应与设计相符；在前端输出口测量各频道输出电平（包括调频广播电平），通过调节各专用放大器的输入衰耗器使输出口电平达到设计规定值。

放大器输出电平的调整：（1）放大器供电电源应符合设计要求；（2）在每个干线放大器的输出端或输出电平测试点应测量其高、低频道的电平值，并通过调整干线放大器内的衰耗均衡器，使其输出电平达到设计要求。

应检测其数据通信、VOD、图文播放等功能。系统质量的测试参数要求和测试方法，应符合现行国家标准《电视和声音信号的电缆分配系统》GB/T 6510—1996 的规定。

9.2.6　信息网络、综合布线及通信系统

信息网络系统的设备、材料进场验收除应遵守有关规范的规定执行外，还应进行：（1）有序列号的设备必须登记设备的序列号；（2）网络设备开箱后通电自检，查看设备状态指示灯的显示是否正常，检查设备启动是否正常；（3）计算机系统、网管工作站、UPS 电源、服务器、数据存储设备路由器、防火墙、交换机等产品应符合设计文件的规定。

按施工图纸设计文件要求检查设备安装情况；设备接地良好；供电电源极限性符合要求；通电后要检查报警指示灯工作正常；各设备工作正常及故障检查。

计算机信息系统安全专用产品必须具有公安部计算机管理监察部门审批颁发的“计算机信息系统安全专用产品销售许可证”，特殊行业有其他规定时，还应遵守行业的相关规定。

综合布线系统施工前应对交接间、设备间、工作区的建筑和环境条件进行检查，检查内容和要求应符合有关规范和设计文件的规定。

缆线敷设和终接口检测及机柜、机架、配线架安装的检测均应符合有关规范和设计文件的规定。

通信系统安装工程的检测阶段、检测内容、检测方法及性能指标应符合《固定电话交换网工程验收规范》YD 5077—2014 及设计文件的要求。

通信系统接入公用通信网通信的传输速率、信号方式、物理接口和接口协议应符合设计文件的要求。

9.2.7 智能集成管理系统

系统集成工程的实施必须按已批准的设计文件和施工图进行。系统集成调试完成后，应进行系统自检，并填写系统自检报告。系统集成的检测应在建筑设备监控系统、安全防范系统、火灾自动报警及消防联动系统、通信网络系统、信息网络系统和综合布线系统检测完成，系统集成完成调试并通过一个月试运行后进行。系统集成检测时应检查以下过程记录：（1）硬件和软件进场验收记录；（2）系统测试记录；（3）系统运行记录。

系统集成的整体协调控制检测应采用以下方法：（1）在现场模拟火灾信号，在操作分站观察报警和做出判断情况，记录视频监控系统、门禁系统、紧急广播系统、空调系统、通风系统、电梯系统的联动逻辑是否符合设计文件的要求。（2）在现场模拟非法入侵信号，在操作站观察报警和做出判断情况，记录视频监控系统、门禁系统、紧急广播系统和公共照明系统的联动逻辑是否符合设计文件的要求。

9.2.8 计时和计分系统

计时计分显示装置应满足不同运动项目的技术要求，同时应满足国际各单项组织的规定。显示方式应根据室内外光环境、比赛场地规模、视距和视野因素选择，同时符合设计文件的要求。

经常进行国际比赛的场（馆）应采用固定式电子计时计分显示装置，并符合下列要求：

（1）计时计分显示装置负荷等级应为该工程最高级；

（2）计时计分显示装置和控制室应符合有关规范的规定；

（3）计时计分控制室与总裁判席、计时计分牌、计算机房和分散场地的计时计分装置之间，应有相互连通的信号传输管道，并应有足够的裕度；

（4）在比赛场地设置各类的计时计分装置，应根据工艺要求在该处或附近预留电源及信号传输线连接端子。

计时计分设备包括计时控制设备、计时与终点摄影转换设备、屏幕控制设备、数据处理设备、升降旗的控制设备等，均应符合设计文件的要求。

9.2.9　BA 自控系统

BA 自控系统的设备选用应符合有关规范和设计文件的规定。根据建筑节能有关规范的要求，控制内容为空调冷、热源系统，空调风与水系统，送排风系统，低、高压配电系统，照明控制系统，给水、排水系统，水景水处理系统，动力、包括热力站系统，电梯监控系统等，为运动员和观众提供一个适宜的比赛和观赛环境。

导线应采用铜芯无卤阻燃多芯线缆，模拟量线路及通信线应采用屏蔽线缆。

AC220V 电力线在任何情况下都不得与其他线路合穿在一根金属管或走在同一线槽的同一间隔内，应单独穿管或走在线槽专用间隔内。线槽应带槽盖封闭，导线不得暴露，并不允许有中间接头。

导线金属屏蔽层应在 DDC 控制器内用单端一点接地方式接在接地端子上。

按施工图设计文件要求检查设备安装情况：设备接地良好、供电电源及极性符合要求。通电后要求检查报警指示灯工作正常；各设备正常及故障检查。

9.3　智慧场馆应用前景

专业足球场智慧化应用建设目标是依托 5G、Wi-Fi、人工智能、大数据、物联网、云计算等新一代信息技术，以赛事服务与场馆保障为核心，以场馆智能化设施升级、智慧化服务优化、智慧化体验提升为重点，推动专业足球场服务体验升级，确保足球赛事安全、高水平举办。

1. 提升赛事活动保障能力

围绕办赛要求，聚焦大型赛会制比赛强度大、标准高、人流量大、安全性要求高的需求，从综合安防、便捷通行等方面提升体育场馆的保障和服务能力，确保赛事安全、高水平举办。

某大型体育场馆采用便捷通行系统后，可同时满足场馆工作人员、媒体、组委会和VIP观众的快速通行需求，减少大型赛事活动期间检票人员的配置数量，节省了保安费用支出12万元/年/岗点，将访客办理时间缩短至1min。

2. 提升现场观赛体验

专业足球场在承办大型赛事期间人流量大、社会影响大。通过智慧管理系统可实现多角度、全方位的观众画像，提升观众在餐饮服务、导航服务、停车服务、票务服务、支付服务在内的一站式服务体验，为现场观众提供多角度的非凡观赛服务和360°全景的沉浸式观赛体验。

3. 提升场馆运营能力

通过场馆BI系统和智慧运营中心建设，多渠道融合赛事信息和场馆运营数据，在此基础上结合专业足球场的管理运营需求，进行多维数据分析和多屏数据展示，全方位提升专业足球场的科技感和体验感。

在智慧场馆的诸多应用场景中，和专业足球场较为相关的智慧化应用如下。

9.3.1 智慧运营显示

通过2D/3D方式集中展示专业足球场运营管理的综合态势，包括安防、人员、车辆、能源、设备、环境、赛事等领域信息，实现态势全面感知、事件全程管控。

安防：视频监控查看、安防应急响应，统计告警数量、应急事件、告警趋势和视频监控、消防设备、出入口控制设施的利用情况。

设备：设施设备可视化，并统计设施数量、设备告警、设备工单等相关信息。

环境：环境监测点位可视，并统计展示场馆当日温度、湿度、$PM_{2.5}$、噪声等环境参数数据。

人员：人员告警可视、人员热力图和人员轨迹查询，并统计人员数量、类型、出入时间等信息和趋势分析。通过挖掘观众基础信息、场内行动轨迹、消费记录等动态信息，生成用户标签。用户标签可包括用户属性信息、球迷特征、消费频率、消费习惯、餐饮和停车等消费场景信息、交通信息等。通过对用户标签数据进行深度挖掘，生成精准的用户画像，如忠实球迷、VIP客户等，从而准确定位目标用户群体，主动及时地发起交互，实现服务精准推送，如VIP观众预登记、服务偏好调查、交通方式推荐、出入场路径推荐、赛事临近提醒、场内餐食推荐和未来活动赛事推荐等。

能耗：统计分时段、分区域的用电、用水和供水信息和用量排行、趋势分析，利用可视化图表呈现近期场馆能耗的总体用量和分布特点等信息，结合场馆使用频率及频次，方便管理层快速了解场馆近期运营情况，满足精细管理的需求。

活动赛事：展示赛事赛程、参赛队伍、实时赛况、统计信息等数据；赛事现场多路视频播放信号，以及单独部署 360° 全景视频信号信息；汇总赛事期间智慧餐饮、智慧票务、智慧导航等服务情况信息。

9.3.2　智慧票务

票务销售：可视化销售、票仓管理、销售渠道管理、出票管理、会员折扣管理。

检票管理：检票规则设定、闸机检票、手持设备在线检票、离线检票数据导入。

票务分析：通过大数据分析，自动生成购票人群分析、门票库存分析、门票作废分析、结算方式分析等统计报表，支撑管理者对场馆票务业务进行精准决策。

9.3.3　场馆活动排期

活动申报：根据模板完善活动信息进行填写。

赛历排期：以日历形式作为展示界面，对运营主体可承办赛事活动的时间资源进行统筹管理，实现赛历排期的可视化，按照赛事活动审批状态进行区分。

活动审批：按照预先设定的活动标准设定相应审批流程，提示需要准备材料清单，运营人员根据活动审批状态实时更新。

9.3.4　智慧支付

分账管理：业务账户的注册审核，并基于对账结果开展日常分账清算。

交易管理：针对用户消费行为进行交易订单全程管控，包括订单生成、交易支付、交易查询、交易取消、交易监控等。

账单管理：汇总交易流水记录，记录每一笔交易的相关方、交易时间、交易金额、交易种类等信息，提供记账和对账服务。当出现异常情况时，进行标记和预警，并及时通知相关管理人员。

支付对接：引入 ETC 支付、第三方支付接口进行收款和付款对接，聚合多类支付方式于一体。

9.3.5　智慧导航

基于 GIS 电子地图，提供平面导航和 AR 导航，实现精准定位、地图搜索、路径规划等功能，并作为餐饮、停车等其他智慧化服务的地图入口。

平面导航包括地图测量和测绘、人员精准定位、地图显示和检索、路径规划和导航等。现场观众通过 App 进行 Wi-Fi 系统认证后，可在平面导航基础上，在地图上加载 AR 导引信息，贴合道路、建筑设施给出路径指引和信息展示，增强体验。

9.3.6 智慧观赛应用

智慧观赛系统利用 5G、VR、Wi-Fi6 等先进技术，打造基于 360° 全景播放、多路视频播放等场景于一体的智慧观赛体验。

在球场入口、教练席、球门区、角球区等特殊点位设置 360° 全景摄像机影像，并利用视频融合实现动态的高效率的全景视频效果，对场馆或者指定赛事、活动的 360° 全景视频录制与播放，支持超高清画质，现场观众通过 App 进行 Wi-Fi 系统认证后，在手机上可提供多视角自由切换观赛服务，或根据转播视频信号条件实现某个瞬间的慢动作和即时回放。根据现场多路视频信号条件，可任意切换赛事画面和角度，进行 360° 自由观看，放大缩小画面捕捉球场细节。此外，VIP 观众还可以通过 VR 头盔获得沉浸式观赛体验。

9.3.7 便捷通行应用

便捷通行系统对已登记的媒体、工作人员等持证人员和 VIP 观众访问权限进行统一管理，与一卡通、门禁、闸机、电梯控制等系统联动，实现统一鉴权，通过人脸、卡证、二维码、NFC 等多种方式通行。该系统主要包括权限管理、鉴权管理和通行管理等模块。

权限管理指按照专业足球场管理要求，对各类人员根据角色定位和业务需求的不同，在足球场各区域的进出权限进行相应的分类设置。

鉴权管理指基于数字平台，在足球场的出入闸机、办公楼门禁、VIP 区域梯控等系统调用存储在数字平台的人员数据库信息，与所采集的信息进行比对，完成权限识别。通过标准化的鉴权管理，各系统能够实现联动。工作人员和 VIP 只需采集一次信息，即可无障碍通行。同时减少重复权限管理开发成本，避免各系统权限设置认证不统一。

通行管理支持人脸、卡证、电子票证、NFC 等多种通行验证方式。当通行设备完成数据比对后，系统可自动下达闸机放行、门禁开锁、自动派梯等指令，满足各类工作人员多样化的通行需求，实现多场景无感通行，切实提高场馆安全防护及通行效率，降低管理成本，提高进出场通行体验。

9.3.8 综合安防应用

综合安防系统以视频监控为核心，网络、高清摄像头、监控传感器、GIS 地图等设备和系统联动，基于物联网、大数据、AI 等技术采集分析安防相关信息数据，实现对场馆的人员和车辆布控、轨迹跟踪、视频巡更、视频分析展示、告警中心、工单管理、安防态势分析等，并通过智能视频分析技术实现人流分析、越界识别、烟火识别、徘徊监测等，全面提升上海体育场安防的效率，降低安防人力成本。

人员车辆布控管理模块支持创建黑名单以进行人员布控管理，点击名单管理，可以查看人员名单、名单组信息，也可以维护人员名单组信息。通过 Wi-Fi 系统、移动通信和视频监控等多重手段，提供高精度、全面、多维度分析，也可以集中展示当前时间的人员热力分布图，根据人员密集度在地图上展示不同的颜色，可以根据时间段和阈值产生告警。

轨迹跟踪模块能通过在界面输入查询条件，进行检索车辆信息，点击查看轨迹显示车辆轨迹信息，显示车辆轨迹点及轨迹的时间点，显示车辆经过轨迹摄像头、道闸图标，并显示轨迹起点终点。系统支持的检索条件包含车牌号码、车辆类型、车身颜色、品牌、子品牌、开始时间、结束时间。

视频巡更是将多个摄像头按顺序串联起来组成巡更任务，并且指定任务执行人、开始时间、结束时间、巡更周期以及需要互动的摄像头数量。

视频分析展示模块利用高清摄像机资源，结合后台智能视频分析技术和模型，对监控画面中预先设定的事件实现实时异常告警，例如：人流监控、越界识别、徘徊检测、烟火识别等。

9.3.9　智慧能源管理

智慧能源管理可实现监测能源使用态势、及时诊断能源使用异常、精准预测未来同期能源需求情况，进而优化专业足球场能源使用效率，降低能源管理成本，提供可靠的能源保障。

能耗实时监控：通过预先设置在专业足球场各分区、各类设备用水、用电等能耗阈值作为管理基线，通过数字平台采集、汇总各子系统实际能耗数据，对采集的能源数据进行分类分项设置、加工处理与可视化展示。

能耗告警：根据管理基线和实际数据判断能耗异常情况，出现能耗负荷过载情况触发自动告警，并根据告警信息自动生成工单，将告警信息与工单推送到运营中心大屏，并通过短信、即时消息、电话等方式，及时通知相关人员进行处理。

能耗数据分析：可按照周、月、季度、年度生成能源使用报表，以可视化的形式进行能源数据比对分析，同时可根据历史能耗数据预测未来同期能源需求情况，便于提前做好能源供应保障。

第 10 章 案例

本章结合上海建科工程咨询有限公司承担的几个专业足球场项目进行实例分析。

10.1 上海浦东足球场

10.1.1 工程概况

上海浦东足球场项目坐落于上海浦东新区张家浜楔形绿地，规划公共绿地以南，规划金滇路以东，规划金葵路以北，规划金湘路以西，用地面积约 100842m^2。效果图如图 10.1–1 和图 10.1–2 所示。

两个首创：本项目大跨度屋盖采用的中置压环轮辐式结构体系为国内外首创，地上看台采用的钢结构 + 预制清水混凝土看台板体系为国内首创。

多个国内外第一：国内第一个依靠下沉比赛场地、抬高地下空间，大幅提升疏散效率的足球场、国内第一个采用轮辐式张拉索网组合金属屋面体系的足球场、国内第一个将内场作为安全区来容纳观众疏散的专业足球场。

10.1.2 项目全过程咨询服务亮点

1. 保证草坪性能要求达标，进行工艺控制

足球场草坪采用天然草，人造草纤维以 20mm × 20mm 的间距植入地下大约 18mm，根茎区域必须作为整体的一部分满足天然草坪基础要求，草场工艺为国内首创，如何使草皮达到平整、完好、茂盛的要求，是草坪质量控制的重点。

图 10.1–1　浦东足球场外观效果图

图 10.1–2　浦东足球场内场效果图

足球场草坪从基层、排水层、种植砂层、草坪种植灌溉与养护等各个环节严格把关。加强各结构层的标高、平整度、坡度控制，满足要求后才能进行下道工序的施工，素土层应分层碾压，压实度 95%。为保证足球场排水顺畅，场内埋设的盲管布置、坡度必须合理。同时，保证排水层和种植层的沉实时间，以达到足球场的平整度要求。草种的选择、种植和养护尤为关键，严格进行控制。

2. 幕墙形式复杂新颖，进行深化控制

足球场幕墙外立面呈曲线状，体型优美，结构体系复杂，板块的制作精度高且安装难度大，板块的垂直运输及施工的安全难度大，空间曲面外形对幕墙定位及复核提出了前所未有的要求，这对幕墙安装带来较大难度。

咨询服务重点从幕墙深化设计图纸以及吊装方案进行严格审核，对玻璃单元板块的加工制作质量和精度进行检查控制。由于工期要求限制，在结构施工的同时，幕墙应跟进安装，要确保埋件的深化设计进度与主体施工进度一致，确保埋件安装精度满足后序幕墙安装精度的要求。加强监理的测量复核，确保板块安装精度符合要求，确保整个幕墙外立面优美的空间曲面外形。

3. 体育工艺专业服务提早介入

体育场馆类项目根据使用功能不同，涉及大量不同的体育工艺专业。通常这些体育工艺专业的实施处于项目后期阶段，在项目管理中容易忽略其与场馆本身实施的关联性，从而因工况、界面甚至功能调整产生大量的返工，造成进度滞后、资金投入增大等不良问题。

因此，咨询工程师提前梳理了项目涉及的体育工艺相关资料，提前启动体育工艺专业功能讨论调整、深化设计、招采等工作，并提前与运营单位沟通，确保场馆建设方、使用方意见一致，避免了后续大量的返工修改工作，有利于项目建设进度控制与投资控制处于良好水平。

10.2 世俱杯改造

10.2.1 工程概况

2021FIFA 世俱杯上海体育场应急改造工程是为了符合国际足联对于世俱杯比赛的需要，对上海体育场启动改造。项目位于上海市徐汇区天钥桥路 666 号，改建后上海体育场将从现有 56000 人的观众席规模扩展为 72000 人，还将原本前后排座位席高度相差的 60cm 提升至 90cm，扩大观众容量的同时进一步提升比赛观感；并增加体育、娱乐的互动设施，以服务世俱杯足球赛。改造效果如图 10.2–1 所示。

10.2.2 项目全过程咨询服务亮点

1. EPC 总承包模式下加强设计管理

本工程改造面积 125321m^2，改造内容繁多且复杂，涉及结构加固、钢结构工程、屋面网架工程、幕墙工程、机电工程、张拉索结构工程等多个专业工程改造。整个改造项目的设计施工工期较短。各专业设计工作与施工进度相辅相成、同时也相互制约，如何做好设计各专业之间、设计和施工各专业之间、施工各专业之间的协调是管理工作的着重点。

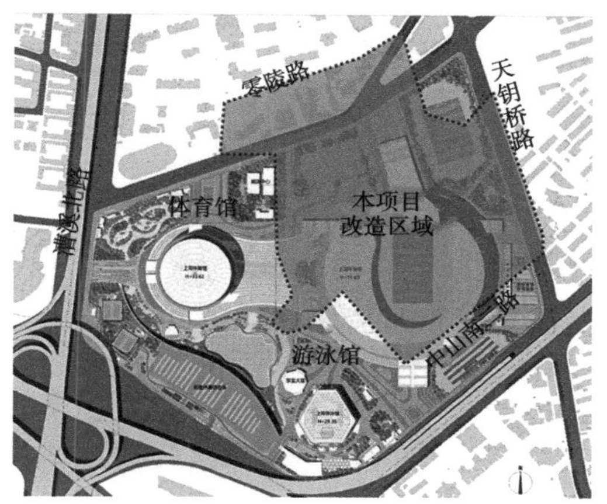

图 10.2–1 项目改造区域

同时，本项目为 EPC 总承包模式，在“三边”的实施模式下，设计易出现缺项、漏项、专业冲突等的情况，对质量、安全、进度、投资等控制影响较大，因此加强设计管理工作。项目设计前期介入设计方案讨论；项目施工中按照设计方案考虑施工方案的合理性、全面性；项目设计初稿下发后，由专业对接人员审查各区域、各专业设计的合理性。

2. 项目所处地理位置特殊，进行高要求的文明施工管理

本项目为上海市徐汇区核心地段，周边商业繁华，人流密集，社会影响力较大，因此，对控制噪声、粉尘污染、文明施工等环保及施工管理要求高，针对上述特点咨询服务对策如下：

严格要求施工单位按照住房城乡建设部、地方有关建筑工程施工现场标准化管理规定组织施工。以文明施工目标为工作重点，把文明施工管理常态化，落实到日常的管理工作中，并处理、协调好各方面关系。

采取全封闭式施工，建议设置艺术化围墙，和周边环境相协调。要求保持工地内外的环境卫生，做好周边道路的保洁措施，做到施工不扰民，设专人负责做好排水系统的日常维护，保证施工区排水沟通畅。

重点监控防尘、防噪、防光污染的措施，严格执行有关夜间施工的规定。机械的进出场、运送材料的卡车等，尽量避免周边车流及人流密集的时段。

3. 新老结构衔接多，加强安全管理

本项目结构改造复杂，存在诸多新老结构衔接问题，如外立面改造需将 32 个三角翼（俗称大刀片）包敷铝单板（单块铝单板最大尺寸 1480mm × 2089mm，最大重量 30kg）、增加钢结构看台、屋顶在原结构基础上向场芯延伸 16.5m 等。这些新老结构的衔接，在设计前需对原结构进行检测，确保设计安全性；施工上需考虑新老结构收边收口的处理，设计和施工的难度相当大。

10.3 深圳体育中心改造

10.3.1 工程概况

深圳体育中心位于深圳市福田区，由笋岗西路、上步北路、泥岗西路围合的三角形地块，本次改造提升工程主要包括新建1.5万座深圳体育馆、改造升级4.2万座深圳体育场。项目位置如图10.3–1所示。

图10.3–1 深圳体育中心位置示意图

主要技术指标如表10.3–1所示。

项目技术指标 表10.3–1

项目技术指标	单位：万 m^2	投资	单位：亿元
占地面积	27.8851	总投资匡算	52
总建筑面积	45.2743	建安费	43
改扩建建筑面积	38.92		
保留建筑面积	6.3543		

本次体育中心改造提升工程，强化体育中心原有的体育竞技功能，满足WTA等国际赛事要求；同时提升全民健身、文体文化、文体教育、休闲活动、旅游集散及场馆日常运营等多方面功能，并对体育中心的支撑系统进行升级，包括：公交接驳（含地下轨道交通及地面公共交通）、停车场库及诱导系统、市政综合管网、地下人防与应急工程功能等。

通过改造提升，将体育中心建设成为承载全民健身运动、竞技体育赛事、文化表演活动、大型会议等多功能、复合型和综合性的国际一流文体中心。

10.3.2　项目全过程咨询服务亮点

1. 对标 WTA、FIFA、NBA 等专业赛事技术规范要求，做好设计管理

WTA、FIFA、NBA 以及其他专业赛事，对赛场规模、选址、赛场布局、环境保护、可持续发展、与周边环境协调、社会服务功能转换，在国内规范要求的基础上，都有更详细的要求，更多体现的是观众、球员、官员、相关利益者的体验；媒体转播、赞助商权益、场馆直接受益；平时、赛时、专业比赛训练、全民健身；对于周边社区及城市的积极促进作用。此类专业赛事场地不能仅仅满足国内规范要求，需要专业团队进行专业深化设计、材料采购和施工，并与赛事机构保持持续沟通，方可满足赛事运营单位要求。

在目前已确定体育馆、体育场规模、选址、布局的基础上，对整体场地布局、空间布局、体育工艺、灯光、扩声、电视转播等需要后期深化设计、施工完成的工作，尽早开展，与建筑、结构、机电的前期设计、施工配合，保证专业场地满足专业赛事要求。

2. 细化运营需求，优化赛后运营

体育馆、体育场馆、综合保障中心需要满足国际一流赛事要求，也要满足全民健身需要，赛后可以实现一流运营，对本项目是一个巨大的挑战。这需要充分考虑场馆全生命周期的运营效益，场馆的全生命周期分为“大赛前设计与建设—赛时使用—赛后适应性改造—平时使用—赛时使用—平时使用—大型修整—进入下一个使用周期循环”几个时期场馆的综合效益。这一切都要求将各阶段的运营需求细化落实。

在日常专业运营单位和赛事技术规范指导下，满足未来不同使用者对专业足球场、专业网球场，以及其他场地的功能要求，尽量提高专业场地设计整体灵活变动的能力，场馆空间设计上应易于分隔。场地设计专业化、看台视线更亲近化、附属空间多元化、综合利用等设计方式是满足不同阶段运营的需求。

3. 紧跟发展趋势，安装 LED 斗屏

在技术不断革新以及潜在市场庞大的态势下，全彩 LED 显示屏的运用已经非常普遍，现代斗形屏的设计是融合“机械、钢构、娱乐”三大类不同学科相融一体的一项工程，体育中心内需设置全彩 LED 斗形屏，用来实时显示 WTA、NBA、冰球及各项球类国际、国内赛事、各类演艺活动的信息。LED 斗屏的功能要求、基本参数设置、升降控制、安装梁、画面拼接处理、直播及输入信号、实时操控与画面监视，安装调试方案等均是本工程斗屏的重点工作。斗屏效果如图 10.3–2 所示。

本工程设计管理部人员对此问题进行了研究，了解了上海梅赛德斯奔驰中心的

图 10.3–2　体育中心斗屏示意图

400m^2 全彩 LED 斗形屏、龙岗大运中心室内全彩 117.7968m^{2}LED 斗形屏，采用钢结构框架斜撑及平面桁架体系。本工程斗屏升降系统钢结构可通过 4 个同步电动葫芦吊挂在体育馆上方的安装梁上，斗形屏采用多台同步环链式电动葫芦升降传动系统，确保斗形屏在馆中高度可随不同的商业运作达到相应的位置（如：球类赛事、演艺场效、展示、发布及各类商业运营），同步升降，彻底改善传统卷扬机升降中的笨重、烦琐、不稳定，特别是升降位置的不同所产生的屏体轻微扭转等诸多因素，环链电动葫芦的应用减轻斗形屏设备重量的难题，使其更加接近智能型。同时斗形屏与馆内钢构实现柔性分离，并为操作人员提供了专用的操作平台。具有稳定的、准确的性能、无扭转、无冲击、同步升降的优良特点。

屋盖结构设计时考虑斗屏安装梁的设计要求。提前研究、统一设计。斗屏设计吊点位置尽量避开开合屋盖位置，如难以避开，可考虑在屋架桁架结构下方采用空间拉索结构加以解决。